1時間でわかる
エクセル
ピボットテーブル

木村幸子 著

技術評論社

●本書について

「新感覚」のパソコン解説書

本書は「1時間で読める・わかる」をコンセプトに制作された、まったく新しいパソコン解説書です。「1時間でなにができる?」と疑問を感じているかもしれませんが、ビジネスの現場で必要とされるパソコンの操作はそれほど多くはありません。

ビジネスの現場で必要とされる操作に絞ることで、1時間で読んで理解することができるのです。

また、従来のパソコン書は具体的な操作解説が中心ですが、本書はコツやしくみの解説に重点を置いています。コツやしくみを理解しない場合、ほんの少しでも状況が異なると、とたんに操作がおぼつかなくなってしまいます。

移動時間でもサッと読めるように、縦書きスタイルの読んで・わかる新感覚なパソコン解説書です。

コツさえわかれば、ピボットテーブルは自由自在

ピボットテーブルは非常に高機能かつ有効なツールです。また、上級職のビジネスマンにとってはなくてはならない分析ツールでもあります。しかし非常に高機能であるために、ピボットテーブルを使いこなすことは難しいと敬遠されがちです。

実際はそんなことはありません！　ただし、ピボットテーブルは誰でもどこでも使えるというツールではありません。ピボットテーブルには向き不向きがあるのです。

ピボットテーブルのキモとなる「コツやしくみ」を正しく理解すれば、何が向いていて何が向いていないかすぐにわかるようになります。そして、そのキモとなる「コツやしくみ」は、1時間で読んで理解できるのです。

本書を読んで、ピボットテーブルを駆使してライバルに差を付けましょう！

本書はエクセル2016／2013／2010を対象としています。

目次

1章 期待通りのピボットテーブルを作成するための条件

01 「ピボットテーブルはとても便利！」といわれる理由 …… 10
02 クロス集計と通常の集計は何が違う？ …… 14
03 ピボットテーブルは万人のための魔法のテーブルにあらず …… 20
04 ピボットテーブルの作成前にエクセルシートを確認しよう …… 24
05 こんなデータがあると集計できない！ 元の表のNGを徹底チェック …… 30
06 集計に必要のない要素は省いておく …… 38
コラム こんなデータがピボットテーブルの元の表にはベスト …… 42

2章 ピボットテーブルの原理と構造を知ろう

07 作成するだけなら3秒程度 …… 44
08 これからの作業はドラッグ&ドロップだけ …… 48
09 最終的に何が集計されるのか …… 54
10 フィールドの選択　これですべてが決まる …… 58
11 行に設定するフィールドは1つだけではない …… 64
12 列に指定したフィールドの値が集計される …… 70
13 計算式をピボットテーブルに作成する際の注意点 …… 76
コラム ピボットテーブルを二次利用するには …… 82

3章 クロス集計してみよう！ 実践ピボットテーブル

14 集計の元となるフィールドを設定する …… 84
15 行フィールドの階層レベルを設定する …… 88
16 日付での集計は非常に重要にも関わらずとてもかんたん！ …… 94
17 クロス集計の結果を表示させる …… 98
18 自分で作った計算式で知りたい値を表示する …… 104
19 出来上がったピボットテーブルを見やすくカスタマイズする …… 110
コラム 完成したピボットテーブルを再度確認 …… 116

4章 ピボットテーブルからさらに情報を引き出す5つのツール

20 指定した条件に合うものだけを集計・表示させる …… 118
21 「行ラベルのフィルター」を活用する …… 124
22 範囲があるフィールドは指定した単位に区切って集計できる …… 130
23 数値で区切る「グループ化」 …… 134
24 日付で区切る「グループ化」 …… 138
25 作成した集計表に組み込んでいない属性を利用する …… 142
26 「スライサー」を使ってみると …… 146
27 直感的に一定期間の集計を把握できる「タイムライン」 …… 150
28 「タイムライン」を使ってみると …… 154
コラム 列方向のグループ化 …… 158
索引 …… 159

[Excel 2016/2013/2010 各バージョン間の主な違い]

ピボットテーブルはExcelのバージョンによって、差異があります。以下の表に各バージョンの主な違いを示します。

機能／名称	2016	2013	2010
分析タブの名称	分析タブ	分析タブ	オプションタブ
日付のグループ化	自動で行われる	操作が必要	操作が必要
タイムライン	利用できる	利用できる	利用できない

[免責]

本書に記載された内容は、情報の提供のみを目的としています。したがって、本書を用いた運用は、必ずお客様自身の責任と判断によって行ってください。これらの情報の運用の結果について、技術評論社および著者はいかなる責任も負いません。

本書記載の情報は、2016年6月末日現在のものを掲載していますので、ご利用時には、変更されている場合もあります。

また、本書はWindows 10とExcel 2016を使って作成されており、2016年6月末日現在での最新バージョンをもとにしています。ソフトウェアはバージョンアップされる場合があり、本書での説明とは機能内容や画面図などが異なってしまうこともあり得ます。本書ご購入の前に、必ずバージョン番号をご確認ください。OSやソフトウェアのバージョンが異なることを理由とする、本書の返本、交換および返金には応じられませんので、あらかじめご了承ください。

以上の注意事項をご承諾いただいた上で、本書をご利用願います。これらの注意事項に関わる理由に基づく、返金、返本を含む、あらゆる対処を、技術評論社および著者は行いません。あらかじめ、ご承知おきください。

[商標・登録商標について]

1章

期待通りのピボットテーブルを作成するための条件

SECTION 01

「ピボットテーブルはとても便利！」といわれる理由

ピボットテーブルとは「クロス集計表」を作るツール

「ピボットテーブルを使うと便利」――業務でエクセルを使っている人間ならば、一度はこの言葉を耳にしたことがあるだろう。それは間違いないのだが、本当だろうか。というより、そもそもピボットテーブルとはいったい何なのだろう。そんな漠然とした疑問を抱きつつ、エクセルを日常的に使用している人が実は多い。

ピボットテーブルとは、一言でいうと**クロス集計表**を作る機能のことだ。クロス集計表は、行と列の2方向に項目見出しを持ち、行と列の項目が交差する位置にあるセル、つまり**クロス**する位置に合計などの集計値が置かれた表のことをいう。

左ページの例では「商品分類」が行の見出しであり、地区の名前が列の見出しとなっている。たとえば、「B地区」の「コーヒー飲料」の売上金額を調べるには、2つの項目見出しがクロスする位置のセルを見ればよいわけだ。ピボットテーブルとは、日々の売上などを記録した表を元に、クロス集計表を手早く作成できる機能なのだ。

クロス集計表ってどんなもの？

列の見出し

商品分類	A地区	B地区	C地区	合計
ウーロン茶飲料	1,253,930	1,111,650	1,043,750	3,409,330
コーヒー飲料	4,482,780	3,486,990	3,367,390	11,337,160
ミネラルウォーター	4,041,080	3,628,960	3,561,160	11,231,200
紅茶飲料	2,864,300	2,065,140	2,057,260	6,986,700
合計	12,642,090	10,292,740	10,029,560	32,964,390

行の見出し

「B地区」と「コーヒー飲料」の売上金額の集計は、列の見出しと行の見出しがクロスするセルを見る!

SUMMARY

- 行・列の項目が交差（クロス）する位置に集計値がある
  = クロス集計表
- ピボットテーブルはクロス集計表を作るツール

ピボットテーブルは分析ツールとしても優秀

ピボットテーブルは、クロス集計表を効率よく作成できるだけではない。作ったあとの集計表を分析する機能も充実している。

一般に、日々の売上記録は膨大な件数になるため、そのままでは集計できない。日付を年単位や四半期単位で「グループ化」して、それぞれの区間ごとに販売数や金額を比較するのがセオリーだ。ピボットテーブルなら、この日付データのグループ化がほぼ自動で行われるメリットがあるのだ。

また、アイテムのボタンをクリックするだけで、ピボットテーブルの集計結果を抽出できる「スライサー」という機能も標準で装備されている。ボタンのオン・オフによる抽出の切り替わりは見た目にもわかりやすい。

さらに「タイムライン」を使えば、集計したいデータの期間をドラッグしながら変更できる。

いずれの機能も、クリックやドラッグといった直感的な操作によって、ピボットテーブルの内容をその場で更新できる優れものだ。使ってみない手はないだろう。

ピボットテーブルで使える分析ツール

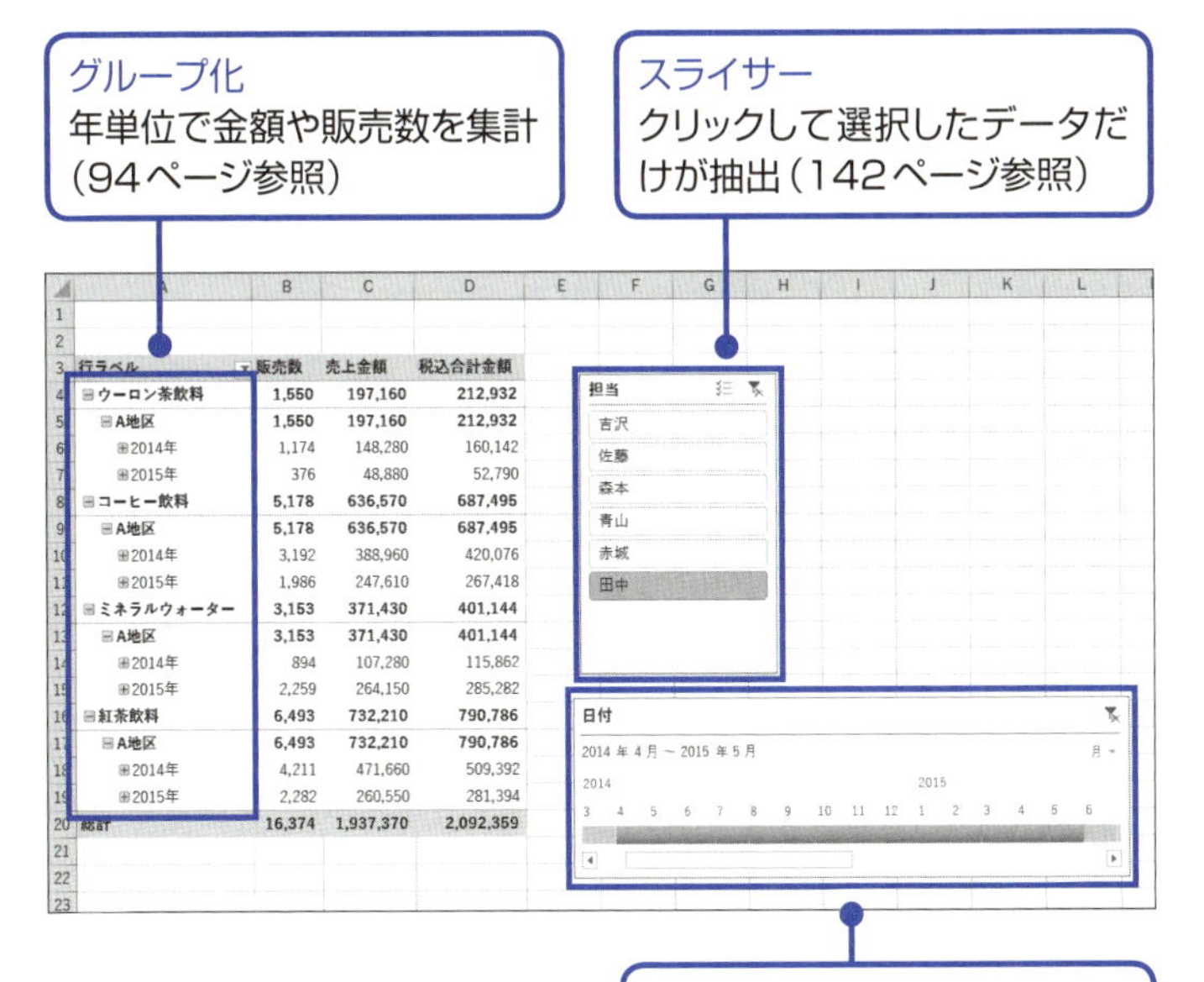

行ラベル	販売数	売上金額	税込合計金額
⊟ウーロン茶飲料	1,550	197,160	212,932
⊟A地区	1,550	197,160	212,932
⊞2014年	1,174	148,280	160,142
⊞2015年	376	48,880	52,790
⊟コーヒー飲料	5,178	636,570	687,495
⊟A地区	5,178	636,570	687,495
⊞2014年	3,192	388,960	420,076
⊞2015年	1,986	247,610	267,418
⊟ミネラルウォーター	3,153	371,430	401,144
⊟A地区	3,153	371,430	401,144
⊞2014年	894	107,280	115,862
⊞2015年	2,259	264,150	285,282
⊟紅茶飲料	6,493	732,210	790,786
⊟A地区	6,493	732,210	790,786
⊞2014年	4,211	471,660	509,392
⊞2015年	2,282	260,550	281,394
総計	16,374	1,937,370	2,092,359

タイムライン※
集計期間をドラッグ操作で調整
(150ページ参照)

※Excel 2010には搭載されていない

SUMMARY

➔ 集計表を作成後に、分析ツールが使える!
= グループ化、スライサー、タイムライン

SECTION 02

クロス集計と通常の集計は何が違う？

シートにおける集計は行・列のレイアウトが固定

クロス集計表と一般的なエクセルシートでの集計ではいったい何が違うのだろうか。まずは、一般的なシート上での集計機能について確認しておこう。

たとえば、担当者ごとに数量と金額を合計する場合を考えよう。それぞれの担当者のデータは、さらに商品別に販売合計を求めるものとする。これは、「データ」タブの「小計」機能を使えば、左ページのように集計できる。明細の間に、集計結果を示す行が挟まる形で表示されている。このように、シート上での集計は元の表に一時的な行を追加して合計値を表示するため、元の表のレイアウトをほぼ踏襲した形になる。

具体的にいえば、表には「日付」「担当」「商品名」…と列ごとに単一の要素が並び、数量の合計は「数量」の列に、金額の合計は「金額」の列にそれぞれ表示されている。つまり、求められた合計値は集計の対象となる内容の列にそれぞれ配置される。

このレイアウトは原則として崩すことはできないものだ。

エクセルシートで担当者別、商品別に集計すると…

商品別の売上合計

日付	担当	商品名	単価	数量	金額
2014/1/10	青山	すっきり烏龍	110	270	¥29,700
2014/3/3	青山	すっきり烏龍	110	220	¥24,200
		すっきり烏龍 集計		490	¥53,900
2014/4/1	青山	午後のミルクティー	110	567	¥62,370
2015/1/24	青山	午後のミルクティー	110	630	¥69,300
		午後のミルクティー 集計		1,197	¥131,670
2014/1/24	青山	まろやか紅茶	120	498	¥59,760
2014/2/18	青山	まろやか紅茶	120	476	¥57,120
		まろやか紅茶 集計		974	¥116,880
:	:		:	:	:
	青山 集計			49,704	¥5,857,710
2014/1/10	赤城	すっ	110	289	¥31,790
2014/2/22	赤城	すっきり烏龍	110	145	¥15,950
:	:	:	:	:	:
	総計			277,649	¥32,964,390

担当者別の売上合計

数量の合計

金額の合計

SUMMARY

- シートに集計用の行を追加するため、元の表のレイアウトに縛られる
- 合計は集計したい数字と同じ列に表示

ピボットテーブルなら列どうしを組み合わせられる

では、ピボットテーブルの場合はどうだろう。15ページと同じ集計をピボットテーブルで求めてみると、左ページのようになる。

ピボットテーブルの特徴は、作成できる**集計表のレイアウトの自由度が高い**ことにある。これは元の表はそのままに、別のシートに集計表本体が作られるためだ。つまり、元の表のレイアウトに縛られずに済むのだ。

「行ラベル」と書かれたセルで始まる列を見てほしい。この列には担当者の名前のセルと、商品名のセルが混在している。まずひとりひとりの担当者のデータがあり、その下のセルには、その担当者の扱う商品の一覧が、先頭を1文字下げる形で列挙されている。15ページの例では担当者と商品名は別々の列に分けて入力されているが、ピボットテーブルでは担当者と商品名を同じ列に組み合わせて配置することができる。

次に「数量の合計」と「金額の合計」という見出しの付いた列を見てほしい。それぞれ独立した列に集計結果が表示されることがわかる。明細を含まない集計値だけがコンパクトにまとめられ、集計の結果をまず知りたいというときにはありがたい。

元の表の形式の制限を受けないということがピボットテーブルのメリットなのだ。

ピボットテーブルなら列どうしを組み合わせた集計も可能

担当と商品名が同じ列に表示

行ラベル	数量の合計	金額の合計
青山	49,704	5,857,710
カフェオレ	2,237	268,440
すっきり烏龍	5,569	612,590
ビタミン天然水	8,716	1,045,920
まろやか紅茶	7,404	888,480
午後のミルクティー	2,455	270,050
美味しいミネラル水	12,988	1,428,680
無糖ブレンド	10,335	1,343,550
赤城	39,935	4,709,190
カフェオレ	4,998	599,760
カフェオレ無糖	5,330	639,600
:	:	:
総計	277,649	32,964,390

担当 / 商品名 / 担当 / 商品名

SUMMARY

- 元の表に縛られない自由なレイアウトが可能
- 合計は専用の列を作って表示する
- 同じ列内に異なる要素も並べられる

ピボットテーブルでは、何と何をクロスさせるのか？

クロス集計表では、行の見出し（左端の列）と列の見出し（一番上の行）にそれぞれ項目を置き、それらが交差する位置にあるセルに該当する集計結果が求められる。では、行と列それぞれの見出しには、どのような要素を配置すればよいだろうか。

行の見出しには**属性**を配置しよう。属性とは、集計に使うキーとなる項目のことだ。担当者ごとに、さらに同じ担当者間では商品名ごとに集計するのであれば、「担当」と「商品名」が属性になる。

一方、列の見出しには**値**を配置したい。値とは、集計の対象となる数値データそのもののことだ。左ページの例では、「数量」と「金額」の合計を求めるため、この2つが値になる。

行には「属性」を、列には「値」を指定する――まずはこの大原則を頭に入れておこう。なお、前述したように、ピボットテーブルのレイアウトは自由度が高く、実務においてはこの原則以外の配置も存在する。だが本書では、読者諸氏のスムーズな理解を助けるためにこのように定義したい。

ピボットテーブルは「属性」と「値」をクロスして集計

列の見出し ＝ 値

行の見出し ＝ 属性

行ラベル	数量の合計	金額の合計
青山	49,704	5,857,710
カフェオレ	2,237	268,440
すっきり烏龍	5,569	612,590
ビタミン天然水	8,716	1,045,920
まろやか紅茶	7,404	888,480
午後のミルクティー	2,455	270,050
美味しいミネラル水	12,988	1,428,680
無糖ブレンド	10,335	1,343,550
赤城	39,935	4,709,190
カフェオレ	4,998	599,760
カフェオレ無糖	5,330	639,600
：	：	：
総計	277,649	32,964,390

SUMMARY

 属性 ＝ 集計に使う項目 ➡ 行に配置

 値 ＝ 集計する数字 ➡ 列に配置

SECTION 03

ピボットテーブルは万人のための魔法のテーブルにあらず

なんでもかんでもピボットテーブルで分析するのは得策ではない

さて、ここまで話をすると「なるほどピボットテーブルはそんなに便利なのか！ それならさっそく…！」と、誰しも意気込むところだが、ちょっと待っていただきたい。**ピボットテーブルで分析する内容には、適したデータとそうでないものがある**のだ。便利だからといって、なんでもかんでもピボットテーブルで分析しようとするのは得策ではない。

たとえば左ページの例を見てほしい。これは、営業部に属するある社員の売上成績をまとめた表だ。1月から3月までの各月における売上実績を担当地区別に入力し、それを元に月別に合計や予算達成率を求めている――よく見かける集計表の例なのだが、あえていおう。このような表をピボットテーブルでわざわざ分析する必要はない。

なぜならば、この表には、その営業マンが売り上げた数字をあらかじめ統合してから入力しているためだ。つまり、この表ができた時点で個人の営業成績の分析は完了している。実績合計も予算達成率もすでに算出されており、それ以上の分析は不要なわけで、このような表をさらにピボットテーブルにする必要はないのだ。

では、どういったデータがピボットテーブルにするのに適したデータなのだろうか？　次のページではピボットテーブル作成に最適なデータを紹介する。

営業部のある社員の１月から３月までの営業成績をまとめた！
これで個人の成績表は完成だ！

	A地区	B地区	C地区	合計
A社	300,000	250,000	310,000	860,000
B社	250,000	180,000	280,000	710,000
C社	280,000	230,000	250,000	760,000
実績合計	830,000	660,000	840,000	2,330,000
予算	720,000	680,000	830,000	2,230,000
予算達成率	115%	97%	101%	104%

管理者クラスに必須のツール

　ピボットテーブルで分析するのに最適なデータは、職場のコンピューターやシステムから日々アウトプットされる売上リストや営業記録などだ。「日付」、「商品名」、「単価」といった売上の明細が、1行ずつ機械的に印刷されるリストを想像してみてほしい。**システムが出力したままの膨大な生データこそ、ピボットテーブルがその真価を発揮するためにもっとも適した材料といえる。**

　このような機械的なデータをエクセルにインポートし、インポートした表を元に、ピボットテーブルを作

・売上記録リスト

担当	分類	販売地区	商品名	単価	数量
田中	コーヒー飲料	A地区	無糖ブレンド	130	526
赤城	ウーロン茶飲料	B地区	すっきり烏龍	110	289
田中	ウーロン茶飲料	A地区	すっきり烏龍	110	315
青山	ウーロン茶飲料	C地区	すっきり烏龍	110	270
赤城	コーヒー飲料	B地区	無糖ブレンド	130	498
:	:	:	:	:	:

権限のある管理者がこのリストを元にピボットテーブルで集計

成する。日々のデータを集計することで、商品名、商品分類、担当者などのさまざまな観点から、現状の比較や分析が自在にできるのだ。
　ただし、このようなデータにアクセスするには、ある程度の権限を持つ立場の人であることが求められる。つまり、部門の管理者クラスの人間がピボットテーブルを利用するのにより近い位置にいるわけだ。

　そう、ピボットテーブルは、マネージャークラスの人にこそ積極的にマスターしてほしい機能なのだ。

・ピボットテーブル

行ラベル	数量の合計	金額の合計
青山	**49,704**	**5,857,710**
カフェオレ	2,237	268,440
すっきり烏龍	5,569	612,590
ビタミン天然水	8,716	1,045,920
まろやか紅茶	7,404	888,480
午後のミルクティー	2,455	270,050
美味しいミネラル水	12,988	1,428,680
無糖ブレンド	10,335	1,343,550
赤城	**39,935**	**4,709,190**
カフェオレ	4,998	599,760
カフェオレ無糖	5,330	639,600
:	:	:
総計	**277,649**	**32,964,390**

SECTION 04

ピボットテーブルの作成前にエクセルシートを確認しよう

元の表に求められるポイントとは？

ピボットテーブルの元の表には、システムが出力する単純なデータが望ましい。

元の表には、売上日などの日付データが必ずある。この日付データは、あくまでも「日付」として入力されている点が重要だ。たとえば「2014年1月10日」と表示された日付データがエクセルにインポートした際に文字列とみなされてしまうと、日付順での並べ替えや日付としてのグループ化が正しく行われなくなってしまう。

また、商品名などの文字データは、同一の商品なら名称もまったく同じでなければならない。上の行と同じ商品名が続くからといって、「〃」といった省略文字を入力すると、集計時には別モノとして扱われてしまう。同様の理由から、**漢字、ひらがな、カタカナといった文字の種類や半角・全角もすべて統一**しよう。

コンピューターが機械的に出力したデータには、このような誤りが入る余地がない。つまり、**機械的なリストが理想的な元データ**なのだ。

元の表にはコンピューターが出力する単純データが最適

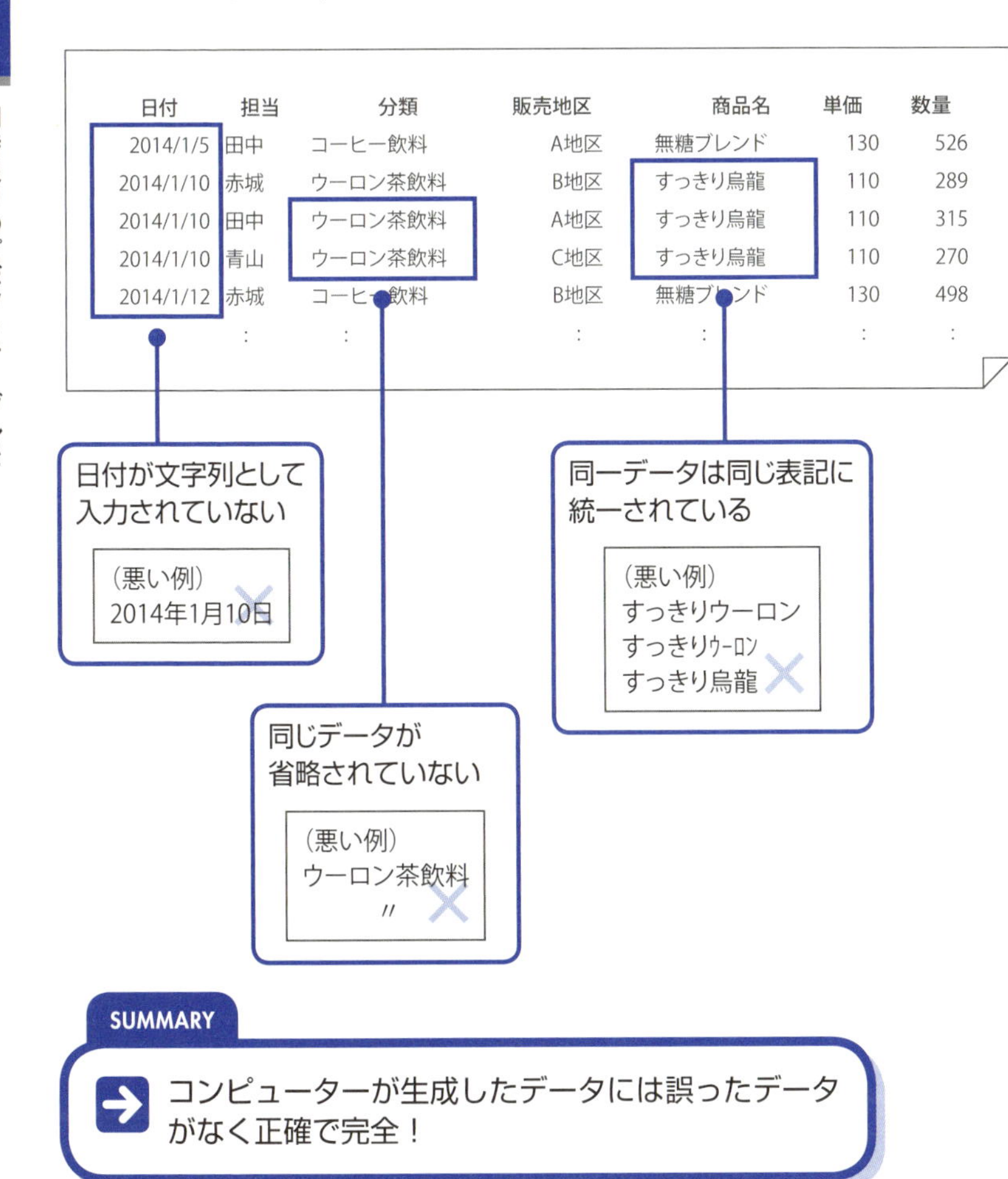

SUMMARY

コンピューターが生成したデータには誤ったデータがなく正確で完全！

集計したいデータを元の表で確認する

ここで一度、作りたいピボットテーブルのラフスケッチを描いてみよう。これは行と列の見出しに何を置くか——**何を基準にして集計するのか（属性）、どの数字を集計するのか（値）**——を、前もって明らかにしておくためのものだ。

とある清涼飲料水メーカーの売上データを元に、商品分類別に数量と金額を合計したいと考えている。さらに、同じ商品分類の売上データは、販売地区ごとに合計の内訳を求めたい。これらを踏まえて、左ページの上の例のようなラフスケッチを描いてみた。

なお、ピボットテーブルの元の表では、列項目のことを「**フィールド**」と呼ぶ。「担当」フィールドには担当者の名前だけが、「分類」フィールドには商品の分類だけが、それぞれ並ぶように、1つのフィールド（列）には、1つの内容だけが入力される。

ラフスケッチを描き、ピボットテーブルに表示する「値」と「属性」が明らかになったら、それらの**列（フィールド）が元の表に存在することを確認**しよう。元の表にフィールドがなければ、ピボットテーブルにそれを表示することもできない。ここでは、「商品分類」と「販売地区」が「属性」になり、「数量」が「値」になる。いずれも元の表に該当するフィールドがあり、ピボットテーブルの作成には問題ない。

「属性」と「値」が元の表にあるかどうかをまず確認

・ピボットテーブル（ラフスケッチ）

行ラベル	合計／数量	合計／金額
ウーロン茶飲料	X,XXX	X,XXX
A地区	X,XXX	X,XXX
B地区	X,XXX	X,XXX
C地区	X,XXX	X,XXX
コーヒー飲料	X,XXX	X,XXX
A地区	X,XXX	X,XXX
:	:	:
総計	X,XXX	X,XXX

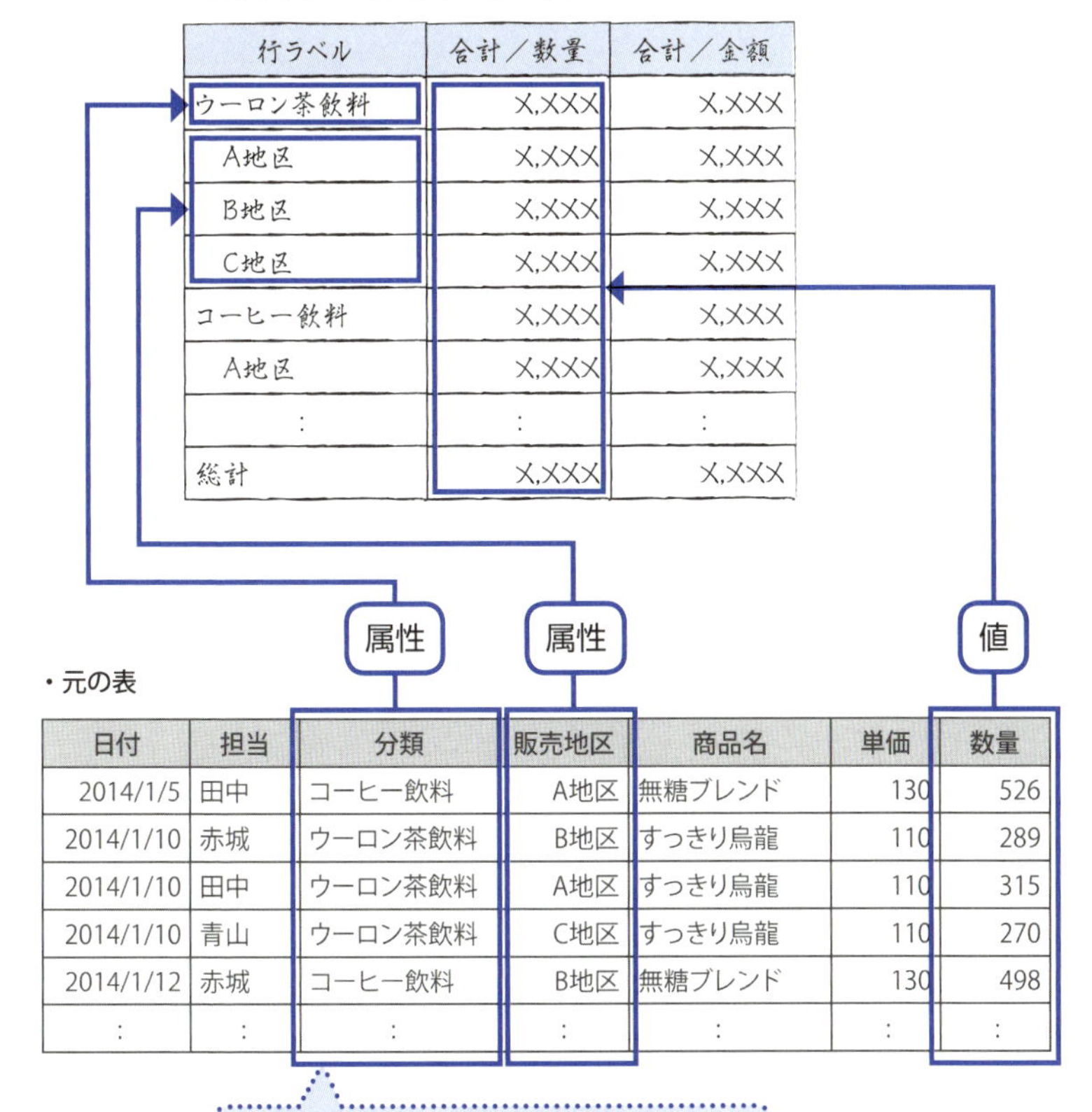

・元の表

日付	担当	分類	販売地区	商品名	単価	数量
2014/1/5	田中	コーヒー飲料	A地区	無糖ブレンド	130	526
2014/1/10	赤城	ウーロン茶飲料	B地区	すっきり烏龍	110	289
2014/1/10	田中	ウーロン茶飲料	A地区	すっきり烏龍	110	315
2014/1/10	青山	ウーロン茶飲料	C地区	すっきり烏龍	110	270
2014/1/12	赤城	コーヒー飲料	B地区	無糖ブレンド	130	498
:	:	:	:	:	:	:

元の表に「属性」と「値」の列がなければ
ピボットテーブルは作れない！

計算で求めるフィールドも元の表に用意が必要

ピボットテーブルでは、集計の対象となるデータを値と呼ぶ。値には、セルに直接入力された数字だけではなく、計算式によって得られた結果も含まれる。

左ページのラフスケッチにあるように、これから作るピボットテーブルでは「数量」の合計と「金額」の合計を求めたいと考えている。この場合、「数量」は26ページで確認したように、元の表にあるフィールドを集計できるので問題ないが、問題は「金額」だ。27ページの例からわかるように、元の表には金額列が見当たらない。

このような場合は、シートに列を追加して、元の表に「金額」フィールドを作成しよう。セルに表示する個々の金額は、エクセルの計算式で求められる。1件目の金額欄に「単価のセル」×「数量のセル」となる式を入力し、ほかのセルにもそれをコピーすれば、個別に金額を求めることができる。これで、元の表に作成した「金額」フィールドを元にして、ピボットテーブルで売上金額を合計できるようになる。

なお、ピボットテーブル上でもフィールドを使ったオリジナルの計算式を作成することは可能だ。だが、これはあくまでもテンポラリーな用途で使う。個々の案件ごとの金額を恒常的に求めるといった場合は、やはり元の表で計算しておく必要がある。

個別の「金額」欄は元の表に追加しておく

・ピボットテーブル(ラフスケッチ)

行ラベル	合計／数量	合計／金額
ウーロン茶飲料	X,XXX	X,XXX
A地区	X,XXX	X,XXX
B地区	X,XXX	X,XXX
C地区	X,XXX	X,XXX
コーヒー飲料	X,XXX	X,XXX
A地区	X,XXX	X,XXX
:	:	:
総計	X,XXX	X,XXX

計算式で求められるフィールド(列)は元の表に用意しておく

「金額」フィールドを元にピボットテーブルで集計

・元の表

日付	…	販売地区	分類	単価	数量	金額
2014/1/5	…	A地区	無糖ブレンド	130	526	68,380
2014/1/10	…	B地区	すっきり烏龍	110	289	31,790
2014/1/10	…	A地区	すっきり烏龍	110	315	34,650
2014/1/10	…	C地区	すっきり烏龍	110	270	29,700
2014/1/12	…	B地区	無糖ブレンド	130	498	64,740
:	…	:	:	:	:	:

「単価」×「数量」を計算し個別の金額を求めておく

SECTION 05

こんなデータがあると集計できない！元の表のNGを徹底チェック

同じ属性のデータが複数列に入力されている

ピボットテーブルで正しく集計するためには、その**材料となる内容が元の表にきちんと存在していることが大前提**だ。しかしそれを満たしていても、表のレイアウトや入力データに問題があると、やはり正しい集計はできなくなってしまう。では、ピボットテーブルの元の表にあってはならない問題とはどんなものだろう。左ページ上の例を見ていただきたい。この表の何がいけないのかがすぐにわかるだろうか。

1行目の項目見出しには、「日付」に続けて、担当者の名前が横に並んでいる。下の行には、それぞれの担当者が販売した数量が入力されているわけだが、これはピボットテーブルの元の表としては問題があるレイアウトだ。

元の表では、**同じ属性（フィールド）は同一列に入力しなければならない**。1行目に入力された名前はすべて「担当」という属性の内容なのだから、同じ列に入力しなければいけないのだ。この表は、左ページの下の例のように表全体を作り変える必要がある。

「担当」という項目名のフィールド（列）を作成し、そこに担当者の名前を入力する。

同様に、ばらばらに点在している販売数は、「数量」フィールドに入力する。

これで**1属性＝1列**のルールが守られ、ピボットテーブルで集計できるのだ。

同じ属性が別々の列に入力されているのはNG

担当者の名前が横に並んでいる

・誤った例

日付	田中	赤城	青山	森本
2016/1/5	20			15
2016/1/6		10	5	
2016/1/7	30	20		15
:	:	:	:	:

・正しい例

日付	担当	数量
2016/1/5	田中	20
2016/1/5	森本	15
2016/1/6	赤城	10
2016/1/6	青山	5
2016/1/7	田中	30
2016/1/7	赤城	20
2016/1/7	森本	15
:	:	:

「担当」は
同じ属性なので
1列にまとめる

SUMMARY

→ 同じ属性は同じ列に入力する

表の形式や入力データにも要注意

表に入力するデータひとつひとつにも、細かな注意が必要だ。そこで、左ページの例には、やってはいけない間違いをあえて盛り込んでみた。

まず、ピボットテーブルを作る際、元データとして使われるのは、表の先頭行に入力された項目見出しと、1行に1件ずつ入力されたデータの部分だけだ。この例では、シートの1行目にタイトルが入力されているが、これはピボットテーブルにはまったく必要ない。むしろ、シートの1行目には表の項目見出しが、2行目以降にはデータ部分があるほうがレイアウトとしては格段に望ましいため、1行目を削除してレイアウトをそのように変更しよう。

また、C列の「分類」フィールドにあるように、同じ分類が続くからといってセルを結合してはいけない。元の表に結合されたセルがあると、やはりピボットテーブルでは、正しい集計が行われなくなってしまう。

そして、社内のシステムなどからエクセルにインポートした表の場合、項目内に余分な空白が多数含まれることがある。D列の「販売地区」フィールドで文字の先頭位置が揃っていないのはそのためだ。これも正しく集計されない原因になる。

形式や入力データに問題のあるシート

NG！
タイトルが入力されている

	A	B	C	D	E	F	G	H	I
1	●売上一覧表								
2	日付	担当	分類	販売地区	商品名	単価	数量	金額	
3	2016/1/10	赤城		B地区	すっきり烏龍	110	365	40150	
4	2016/1/10	田中	ウーロン茶飲料	A地区	すっきり烏龍	110	391	43010	
5	2016/1/10	青山		C地区	すっきり烏龍	110	285	31350	
6	2016/1/12	赤城		B地区	無糖ブレンド	130	636	82680	
7	2016/1/23	田中	コーヒー飲料	A地区	大人の珈琲	120	874	104880	
8	2016/1/23	森本		C地区	無糖ブレンド	130	668	86840	
9	2016/1/24	佐藤	紅茶飲料	A地区	まろやか紅茶	120	536	64320	
10	2016/1/24	青山		C地区	まろやか紅茶	120	478	57360	
11	2016/1/24	田中		A地区	ビタミン天然水	120	785	94200	
12	2016/1/24	吉沢		B地区	ビタミン天然水	120	765	91800	
13	2016/1/24	青山	ミネラルウォーター	C地区	ビタミン天然水	120	796	95520	
14	2016/1/24	田中		A地区	ビタミン天然水	120	785	94200	
15	2016/1/24	吉沢		B地区	ビタミン天然水	120	765	91800	
16	2016/1/24	青山		C地区	ビタミン天然水	120	796	95520	
17	2016/1/29	吉沢	紅茶飲料	B地区	午後のミルクティ	110	685	75350	
18	2016/1/30	佐藤	ウーロン茶飲料	A地区	特選ウーロン茶	130	766	99580	
19	2016/2/5	佐藤	ウーロン茶飲料	A地区	特選ウーロン茶	130	188	24440	

NG！
結合されている

NG！
余分な空白が入っている

SUMMARY

- シートの1行目に項目見出しを配置する（38ページ参照）
- セル結合は解除する（40ページ参照）
- セルに含まれる余分な空白を削除する（36ページ参照）

同一データが別名称になっている

次に気を付けたいNGは、同一内容の名称をきちんと統一しているかどうかだ。「渡辺」と「渡邊」――同じ担当者を指していても、変換ミスから異なる漢字で入力されていると、同じワタナべさんが別人として集計されてしまう。

担当者や商品名といった文字データを入力するフィールドでは、こういった表現の不統一にも注意が必要だ。同じ内容なら、全角・半角や漢字・かなの区別なども含めて完全に同一にしておく必要がある。

また、カタカナ、算用数字、アルファベットを含むデータでは、全角文字と半角文字の2種類がある点にも注意しよう。左ページの「ウーロン茶」の例のように全角と半角が異なるだけでも、集計時には別物として扱われてしまう。また、「カフェオレ」と「カフェ・オーレ」などに見られる中点「・」や長音記号「ー」の有無も同様だ。

システムからインポートした表の場合は、こういった表示のばらつきはほとんどないが、エクセルシートに手入力した表の場合、よくあるトラブルだ。

よく見直して、事前にきちんと統一しておこう。

人名や商品名の名称がバラバラ…これでは正しく集計できない！

NG！
全角と半角の混在

	A	B	C	D	E
1	日付	担当	分類	販売地区	商品名
2	2016/1/5	田中	コーヒー飲料	A地区	無糖ブレンド
3	2016/1/10	赤城	ウーロン茶飲料	B地区	すっきり烏龍
4	2016/1/10	田中	ｳｰﾛﾝ茶飲料	A地区	すっきり烏龍
5	2016/1/10	渡辺	ｳｰﾛﾝ茶飲料	C地区	すっきり烏龍
6	2016/1/12	赤城	コーヒー飲料	B地区	無糖ブレンド
7	2016/1/24	佐藤	紅茶飲料	A地区	カフェオレ
8	2016/1/24	渡邊	紅茶飲料	C地区	カフェ・オーレ
9	2016/1/24	田中	ミネラルウォーター	A地区	ビタミン天然水
10	2016/1/24	吉沢	ミネラルウォーター	B地区	ビタミン天然水
11	2016/1/24	青山	ミネラルウォーター	C地区	ビタミン天然水
12	2016/1/29	吉沢	紅茶飲料	B地区	午後のミルクティー
13	2016/1/30	佐藤	ウーロン茶飲料	A地区	特選ウーロン茶
14					

NG！
漢字の不統一

NG！
「・」や「ー」の有無

SUMMARY

- 全角と半角を統一する
- カタカナ語の「・」や「ー」の有無を統一する
- 漢字、かな文字などの表記を統一する

関数を使って文字データを統一する

人名や商品名などにありがちな名称のばらつきは、ピボットテーブルを作成する前に修正が必要になる。それには、関数を使うと効率よく訂正できる。

まずは、全角・半角の統一に役立つ関数を2点セットで紹介しよう。アルファベット、数字、記号、カタカナなどの全角と半角を揃えるには、JIS関数とASC関数を利用する。ＪＩＳ関数は、指定したセルに含まれる半角文字を全角に変換し、ＡＳＣ関数は、反対に全角文字を半角に変換する関数だ。上手に使い分けたい。

商品名などに含まれる特定の文字を別の文字に置き換えたい場合は、SUBSTITUTE関数が役に立つ。「＝SUBSTITUTE（C2,"A","B"）」と指定すれば、「C2セルのデータに含まれる文字「A」を「B」に置換する」という指示になる。左ページの例では、この関数を利用して不要な中点「・」を一括で削除している。

TRIM関数は、引数にセル番地を指定すると、そのセルに含まれる言葉の前後にある空白文字をすべて削除してくれる関数だ。システムからインポートしたデータに余分な空白が多数含まれていた場合に活躍する。

いずれの関数も、適切に利用すれば、効率よくデータの統一が可能だ。

文字データを統一する関数

・全角と半角を相互に変換

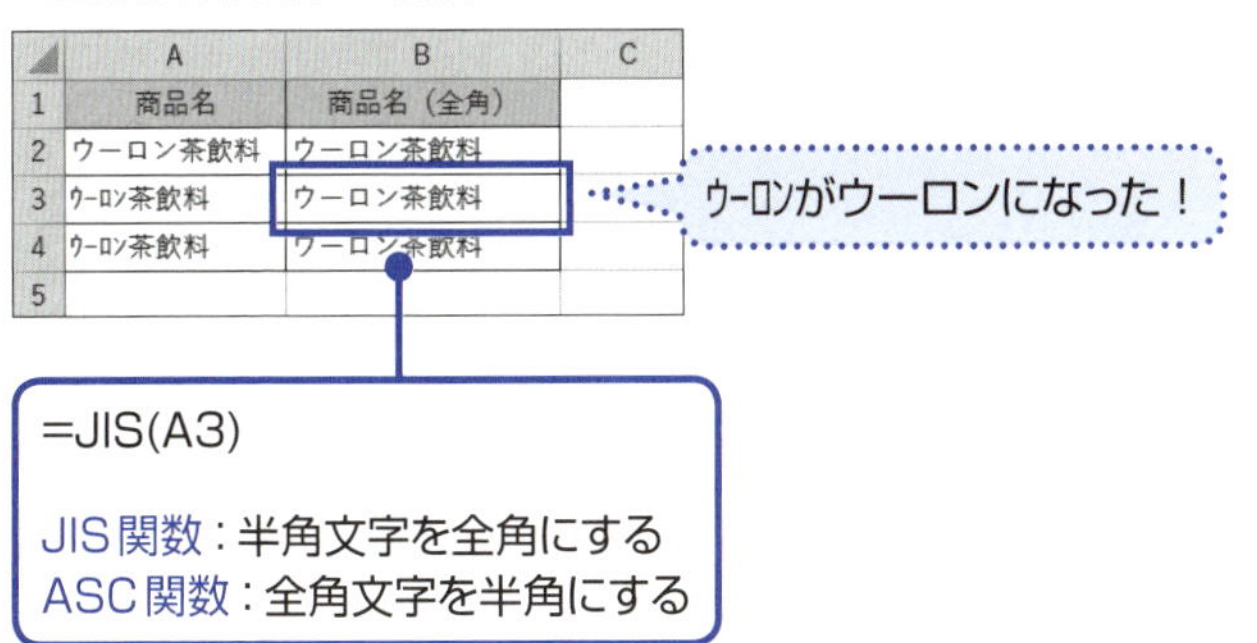

・商品名などを一括置換

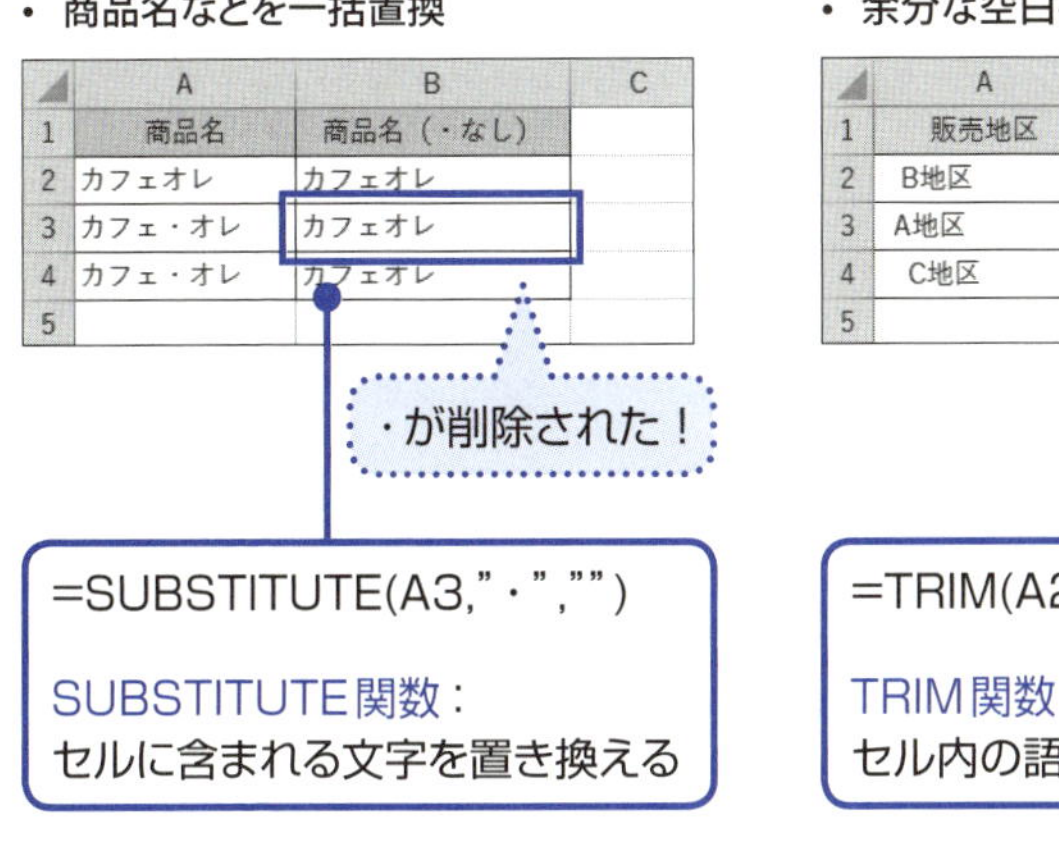

・余分な空白を一括削除

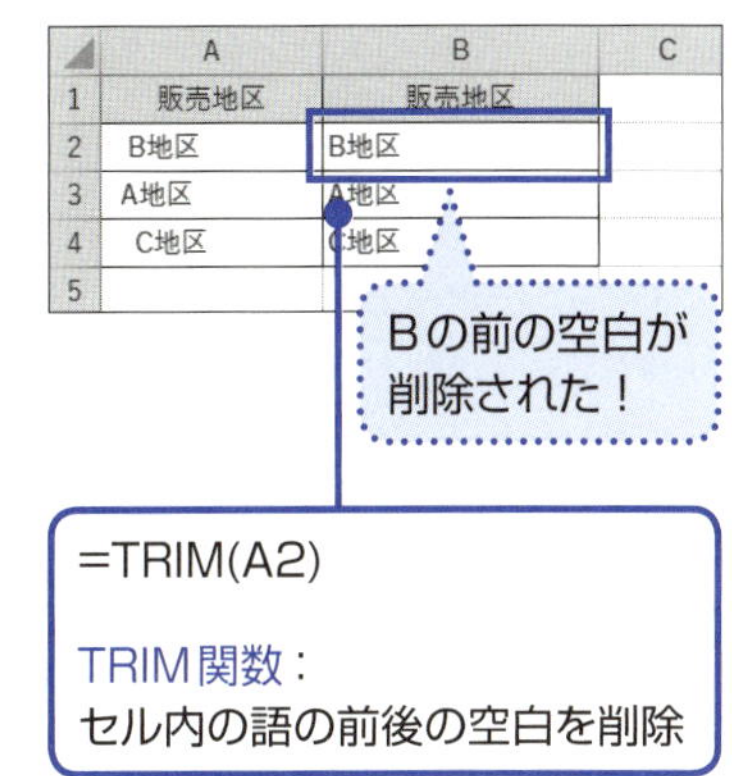

SECTION 06

集計に必要のない要素は省いておく

書式、罫線、タイトル…データ以外の部分は不要

ピボットテーブルに必要になるのは、表の先頭行に入力された列見出しと蓄積されたデータ部分のみだ。表のタイトル、補足説明などそれ以外の内容はあらかじめシートから削除しておこう。左ページの例では、タイトルが入力された1行目を行ごと削除して、2行目の項目見出しが1行目から始まるようにすればよい。

また、セルにはデータのみが入っていればよく、見栄えを考えて設定する書式は一切不要だ。セル内での配置や塗りつぶし、罫線、「¥」や桁区切りの「,」といった数値の表示形式も解除しよう。これらを残したままでもピボットテーブルは作成できるが、余計な要素はないほうがすっきりする。

ただし、日付データは、左ページの方法で表示形式を「標準」に戻してしまうと、「40235」のような数字の羅列になってしまうため非常にわかりづらい。日付データは、現行表示のままにしておこう。

書式やタイトルを削除しておく

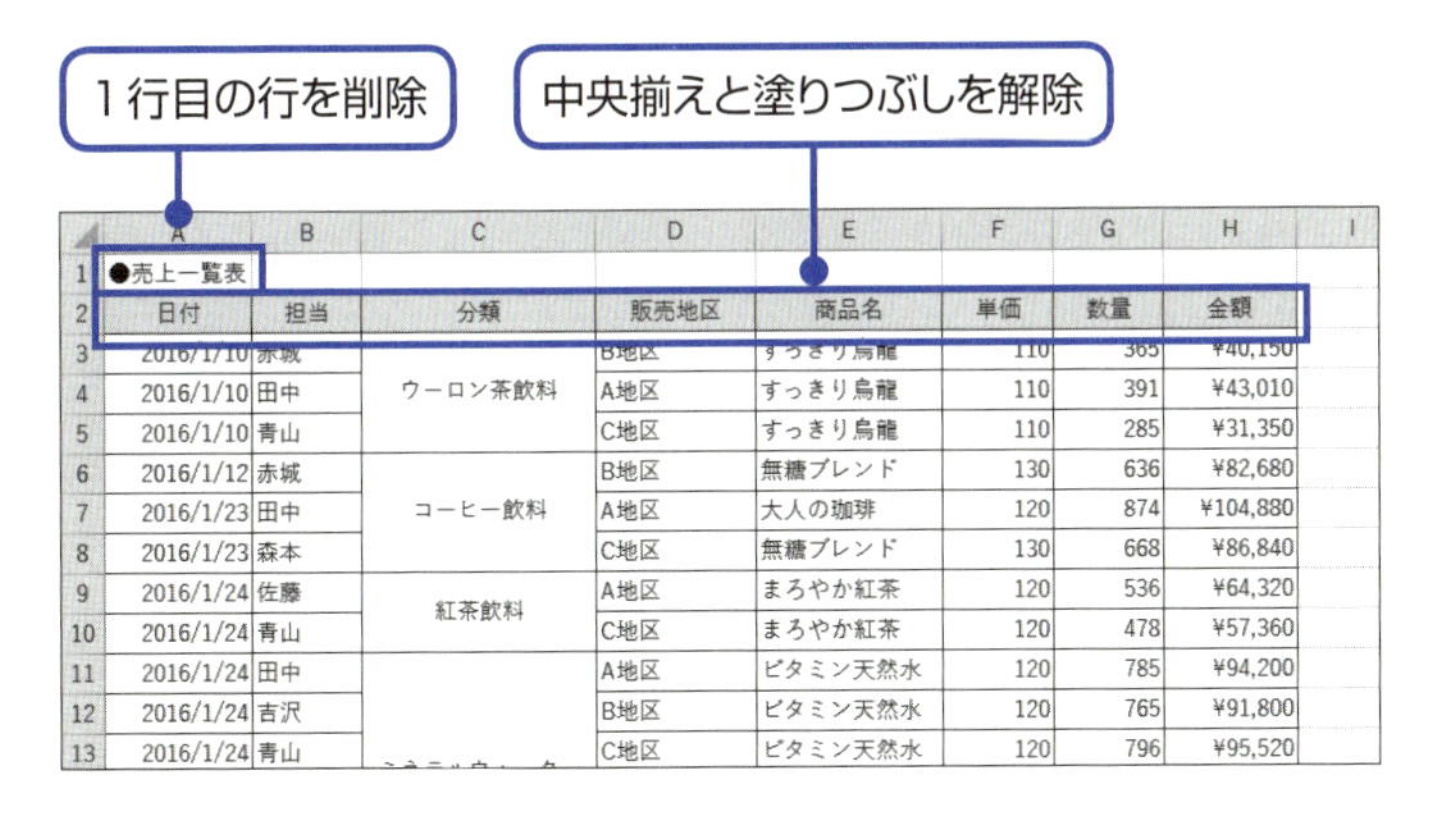

●売上一覧表

日付	担当	分類	販売地区	商品名	単価	数量	金額
2016/1/10	赤城		B地区	すっきり烏龍	110	365	¥40,150
2016/1/10	田中	ウーロン茶飲料	A地区	すっきり烏龍	110	391	¥43,010
2016/1/10	青山		C地区	すっきり烏龍	110	285	¥31,350
2016/1/12	赤城		B地区	無糖ブレンド	130	636	¥82,680
2016/1/23	田中	コーヒー飲料	A地区	大人の珈琲	120	874	¥104,880
2016/1/23	森本		C地区	無糖ブレンド	130	668	¥86,840
2016/1/24	佐藤	紅茶飲料	A地区	まろやか紅茶	120	536	¥64,320
2016/1/24	青山		C地区	まろやか紅茶	120	478	¥57,360
2016/1/24	田中		A地区	ビタミン天然水	120	785	¥94,200
2016/1/24	吉沢		B地区	ビタミン天然水	120	765	¥91,800
2016/1/24	青山		C地区	ビタミン天然水	120	796	¥95,520

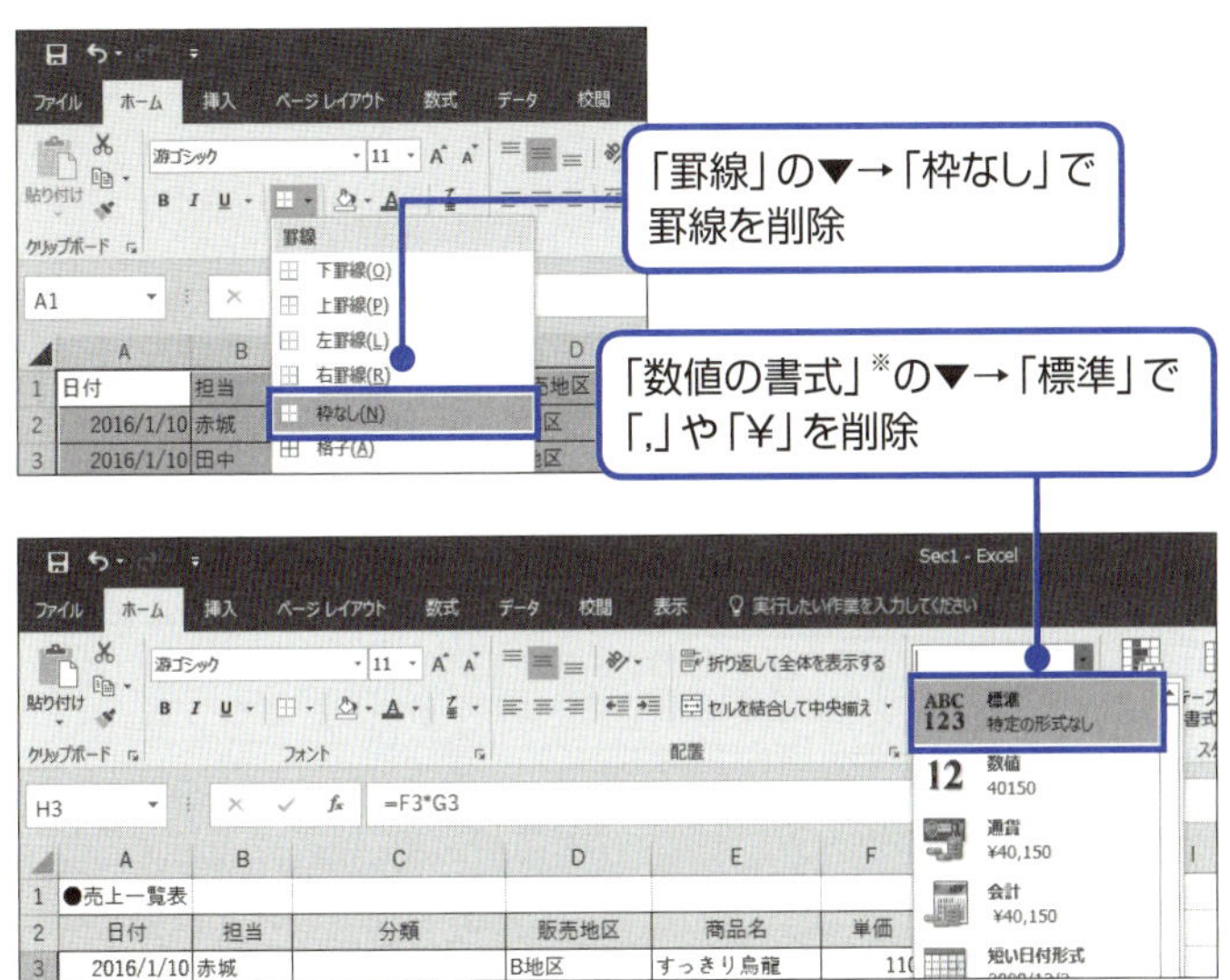

※エクセル2013/2010では「表示形式」

セル結合は残らず解除

もう1つ、忘れずに削除しなければならないものに「セル結合」がある。これは、表内に結合されたセルがあると行と列の数が均一にならないため、ピボットテーブルで集計した際に、正しい集計結果が得られなくなってしまうためだ。

広範囲にわたる表では、セル結合がないかどうかを確認するために、シートの隅から隅まで目で追うことは難しい。そこで、**シート全体を選択してからセル結合を一気に解除する**ことをおすすめする。これなら、シートにあるすべてのセル結合が強制的に解除されるため、結合されたセルがうっかり残ってしまう心配がない。

なお、結合を解除すると、結合されていたときに一番上に位置していたセルだけにデータが残り、残りのセルは空欄になる。結合前に入力しておいたデータがあっても、セルを結合した時点で削除されている。この空欄のセルには、該当する商品名や担当者名などを忘れずに入力しておこう。

空欄セルを残したままピボットテーブルを作成すると、その行の数値データは、本来含まれるべき属性の範囲に入らず、正しい集計結果が得られなくなる。

シートに残るセル結合はまとめて解除

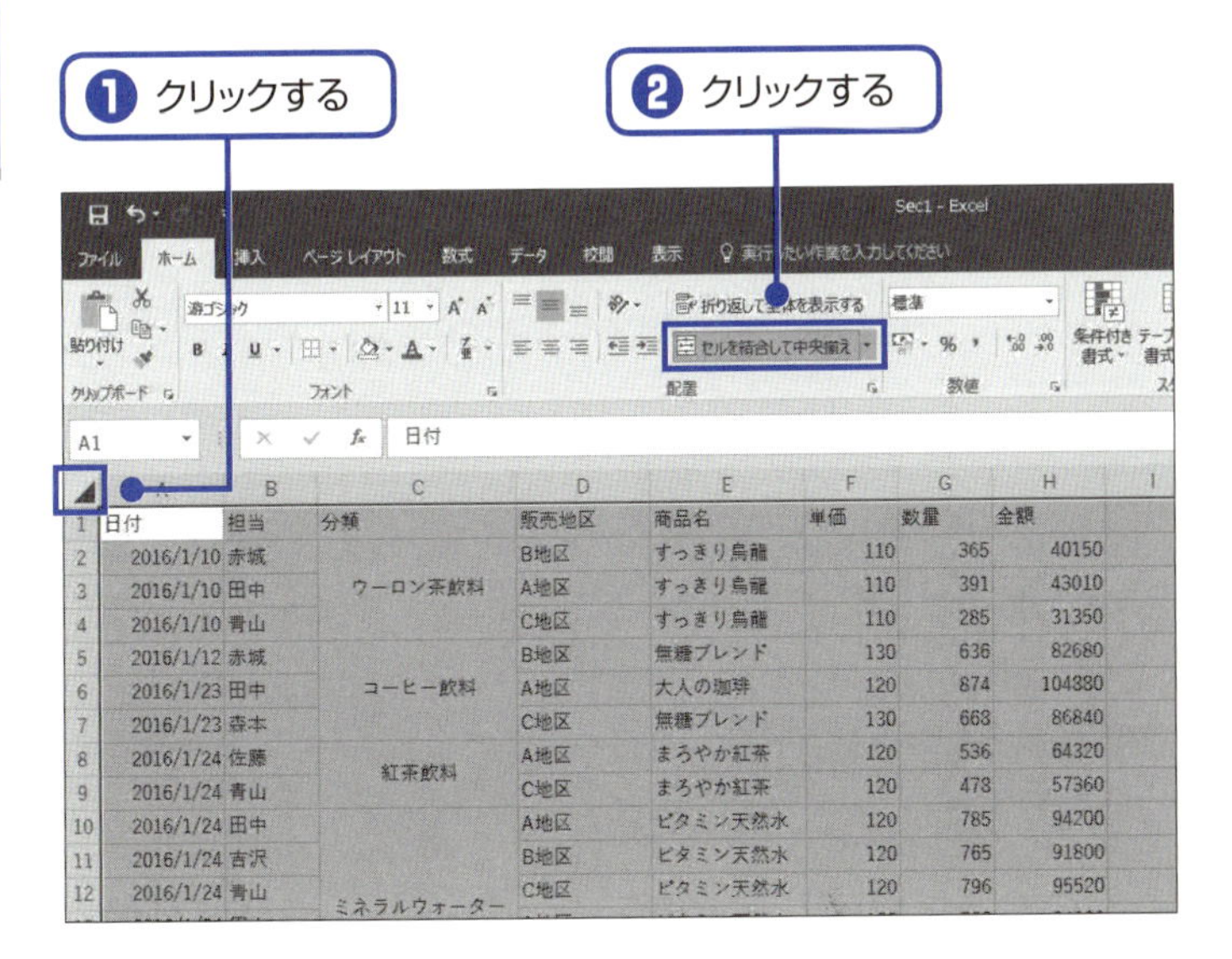

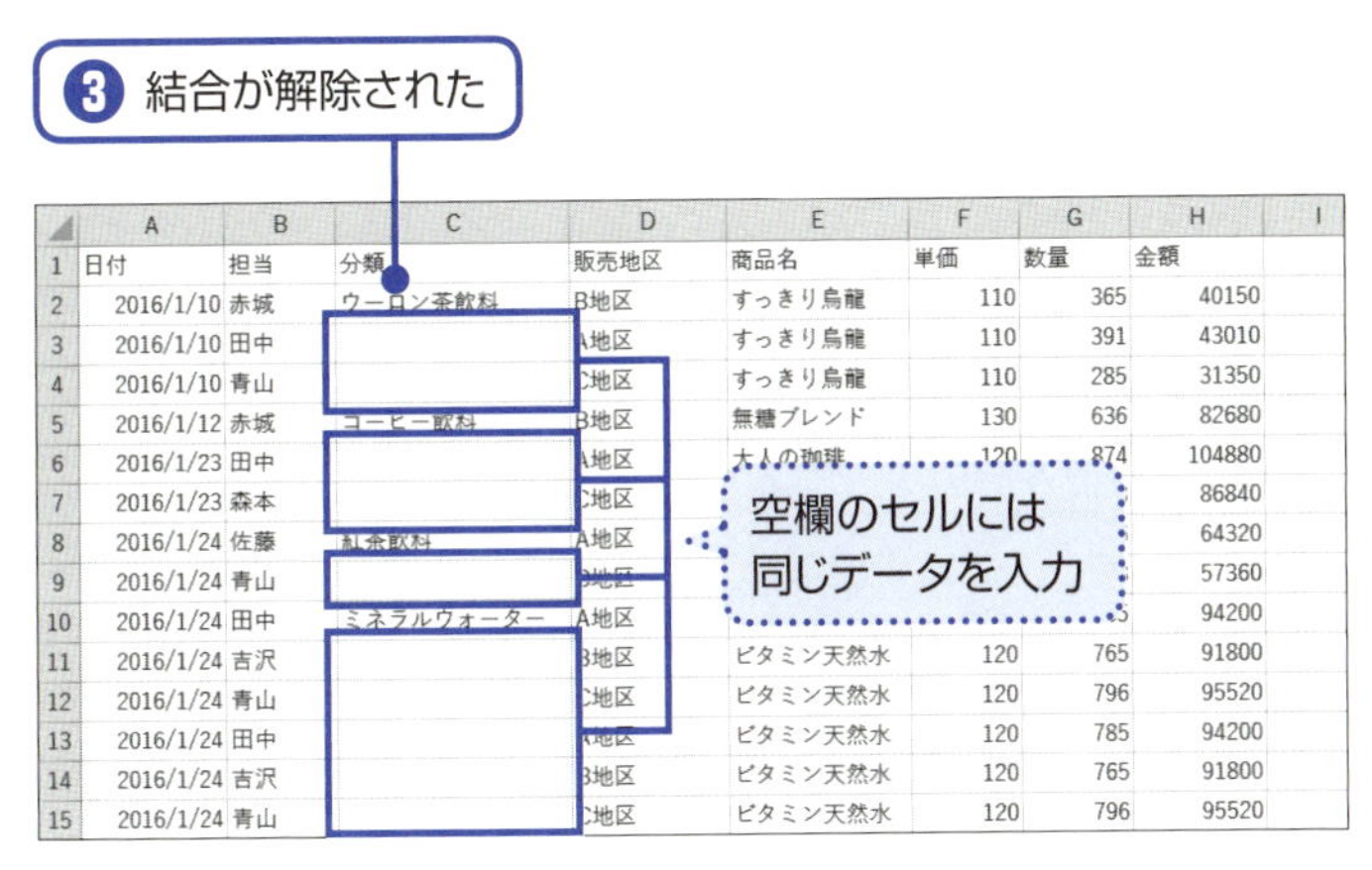

COLUMN

こんなデータがピボットテーブルの元の表にはベスト

ピボットテーブルを作成するための条件をすべてクリアした、理想的な「元の表」を見てみよう。次の5つのポイントを網羅しているはずだ。

① 集計に必要な「属性」と「値」がすべて存在する
② 1行目が項目見出しであり、2行目からデータが始まっている
③ セル結合がない
④ 余分な書式や罫線がない
⑤ 商品名や人名は、同じ名称に統一されている

次章からは、いよいよピボットテーブルを作る話を始めよう。

● ピボットテーブルの元の表として理想的なデータの例

	A	B	C	D	E	F	G	H	I
1	日付	担当	分類	販売地区	商品名	単価	数量	金額	
2	2014/1/5	田中	コーヒー飲料	A地区	無糖ブレンド	130	526	68380	
3	2014/1/10	赤城	ウーロン茶飲料	B地区	すっきり烏龍	110	289	31790	
4	2014/1/10	田中	ウーロン茶飲料	A地区	すっきり烏龍	110	315	34650	
5	2014/1/10	青山	ウーロン茶飲料	C地区	すっきり烏龍	110	270	29700	
6	2014/1/12	赤城	コーヒー飲料	B地区	無糖ブレンド	130	498	64740	
7	2014/1/23	田中	コーヒー飲料	A地区	大人の珈琲	120	624	74880	
8	2014/1/23	森本	コーヒー飲料	C地区	無糖ブレンド	130	592	76960	
9	2014/1/24	佐藤	紅茶飲料	A地区	まろやか紅茶	120	478	57360	
10	2014/1/24	青山	紅茶飲料	C地区	まろやか紅茶	120	498	59760	
11	2014/1/24	田中	ミネラルウォーター	A地区	ビタミン天然水	120	798	95760	
12	2014/1/24	吉沢	ミネラルウォーター	B地区	ビタミン天然水	120	819	98280	
13	2014/1/24	青山	ミネラルウォーター	C地区	ビタミン天然水	120	720	86400	
14	2014/1/29	吉沢	紅茶飲料	B地区	午後のミルクティー	110	550	60500	

※なお、この表は以下のサポートページより入手可能
http://gihyo.jp/book/2016/978-4-7741-8282-7/support

2章

ピボットテーブルの原理と構造を知ろう

SECTION 07

作成するだけなら3秒程度

ピボットテーブルを作る手順を知る

ピボットテーブルの作成手順は非常にシンプルだ。実にたったクリック4回の操作で完了してしまう。

まず元の表のセルを1つクリックしておく。表内のセルならどこでもかまわない。次に、「挿入」タブ左端にある「ピボットテーブル」ボタンをクリックすると、「ピボットテーブルの作成」ダイアログボックスが開く。文字通りピボットテーブルの作成画面だが、ここでは特に設定を変える必要はない。

重要なのは、この画面が開くと同時に、表の周囲が点滅する枠線で囲まれることだ。この点滅する範囲こそ、エクセルがピボットテーブルの集計元として認識している範囲になる。第1章の内容を踏まえて元の表が正しく作られていれば、この点滅する範囲は、表の1行目の項目見出しとデータ部分すべてを過不足なく囲んでいるはずだ。

「OK」をクリックすると、ピボットテーブルの土台となるシートが現れる。

作るだけならクリック4回で完成！

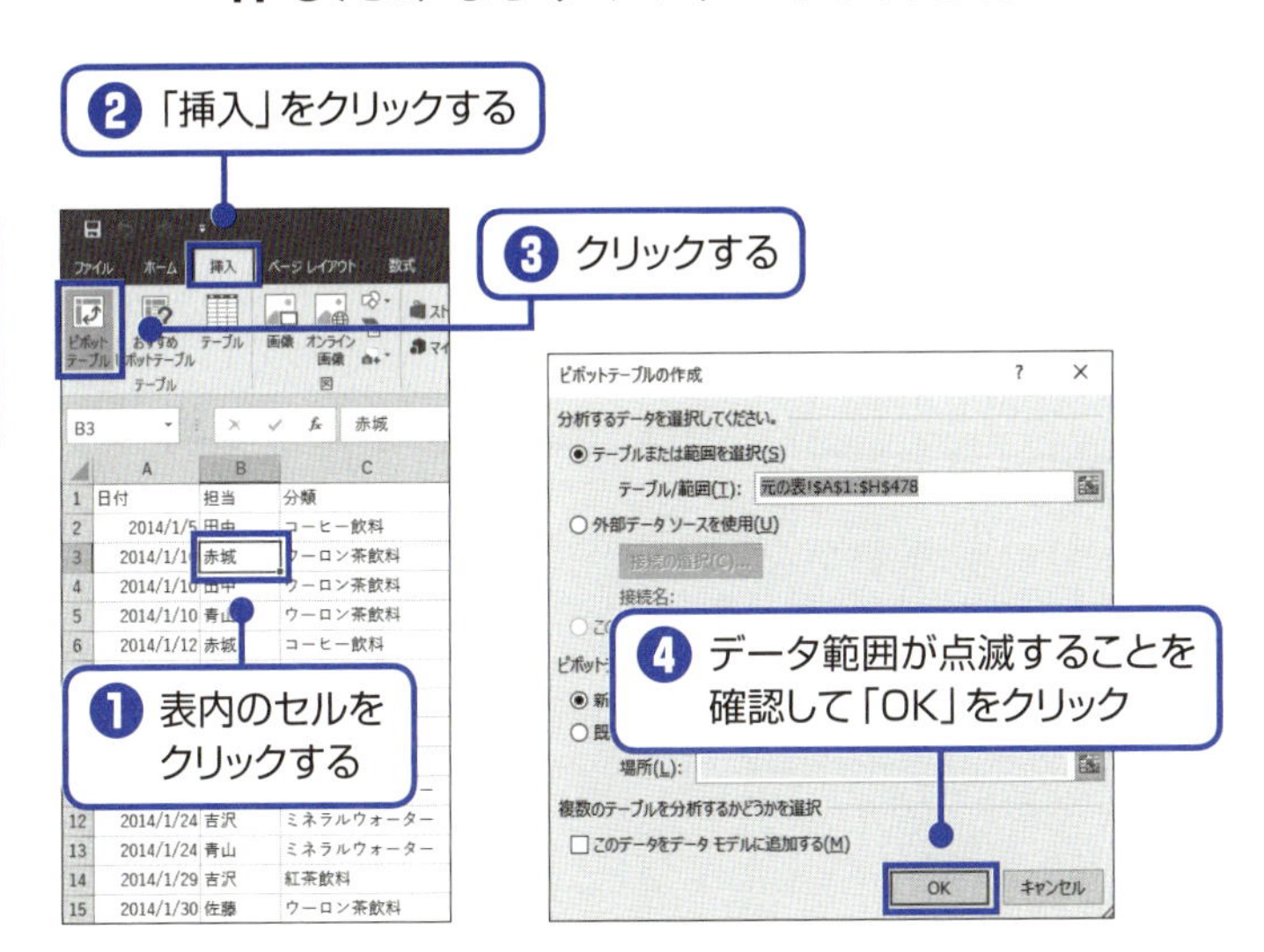

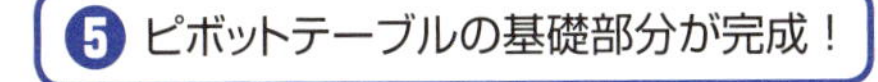

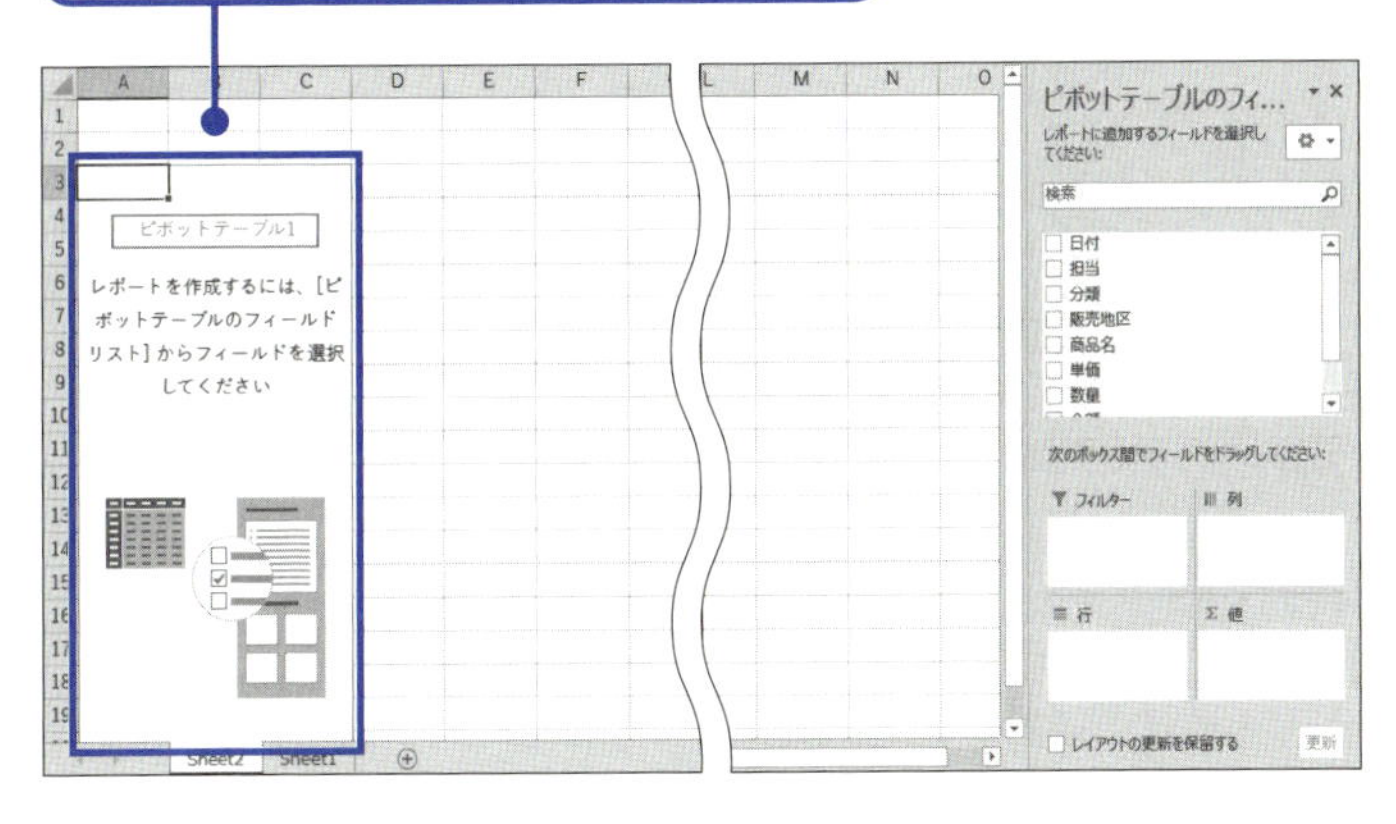

ピボットテーブル画面の見方を知る

44ページの手順で出現したシートには、まだ何も表示されてはいない。「あれ？」と思われるかもしれない。これはちょうど家を建てるときに、地ならしを済ませて建物の基礎部分だけができたのと同じ状態だ。最初に、この基礎となる画面の見方をしっかり頭に入れておこう。

ピボットテーブル画面は、大きく分けて2つのエリアからなる。1つは左側の広いワークシート部分で、ここにピボットテーブルが作成される。もう1つは画面右側の作業ウィンドウだ。このエリアのことを「ピボットテーブルのフィールド」作業ウィン

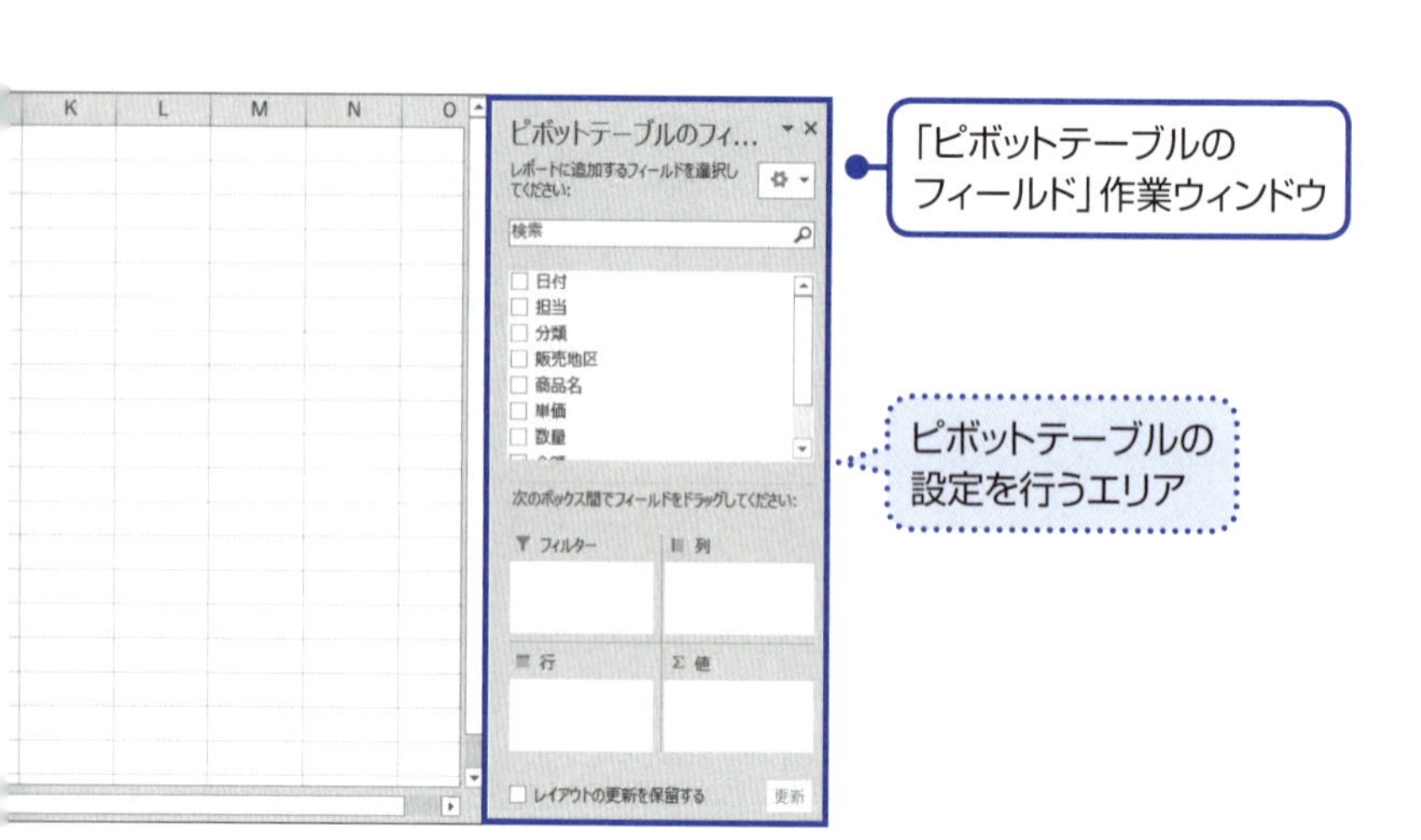

ドウと呼ぶ。名前からわかる通り、ここはピボットテーブルを組み立てるための設計作業を行うエリアなのだ。

ここでシート見出しを見てほしい。「Sheet2」のような仮の名前になっているはずだ。実は、ピボットテーブルを作成すると、新たにシートが挿入され、**元の表とは別のシートに集計表を作る**ことになる。元の表そのものに手を加えて改造するわけではない点に注意しよう。ピボットテーブルはレイアウトの自由度が高いといわれる秘密はここにある。

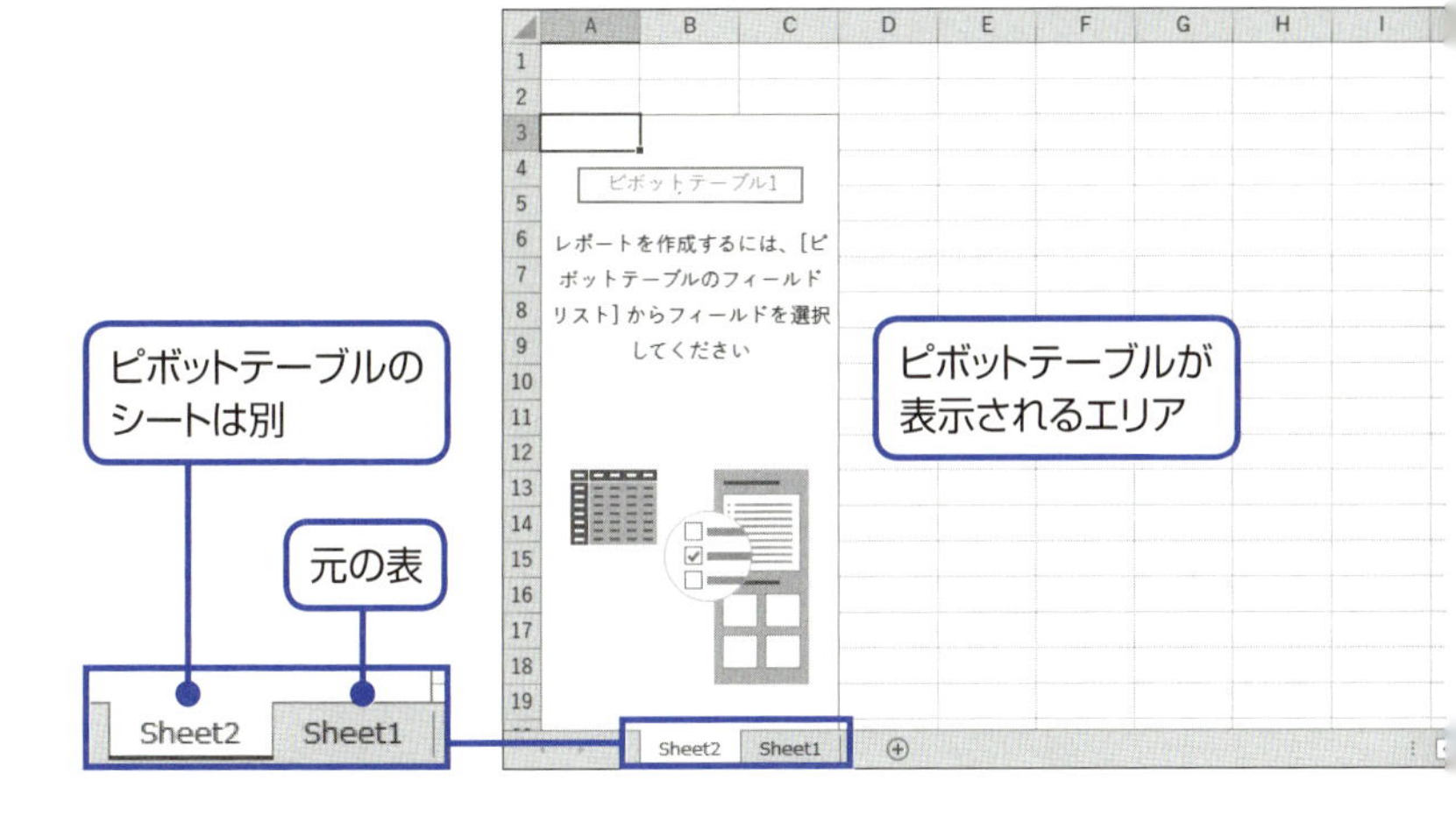

SECTION 08

これからの作業はドラッグ&ドロップだけ

「ピボットテーブルのフィールド」作業ウィンドウの2つのセクションとは

実際に操作する前に、2章ではピボットテーブルの構造について理解しよう。

「ピボットテーブルのフィールド」作業ウィンドウは、上下2つのセクションに分かれる。上の部分を「フィールドセクション」と呼び、下の部分を「エリアセクション」と呼ぶ。

「フィールドセクション」は、フィールドを選択する領域で、「日付」、「担当」、「分類」といったフィールドの名前が並んでいる。これは、元の表の1行目に入力した列見出し（フィールド名）と同じもので、ピボットテーブルを作成したときに、ここにそのまま表示される。

「エリアセクション」には、「フィルター」、「列」、「行」、「Σ値」という4つのボックスが並んでいる。それぞれピボットテーブルを構成するエリアの場所を表している。上のフィールドセクションから、エリアセクションのボックスにフィールド名をドラッグすると、ピボットテーブルの該当する領域にそのフィールドが配置される。

「フィールドセクション」と「エリアセクション」

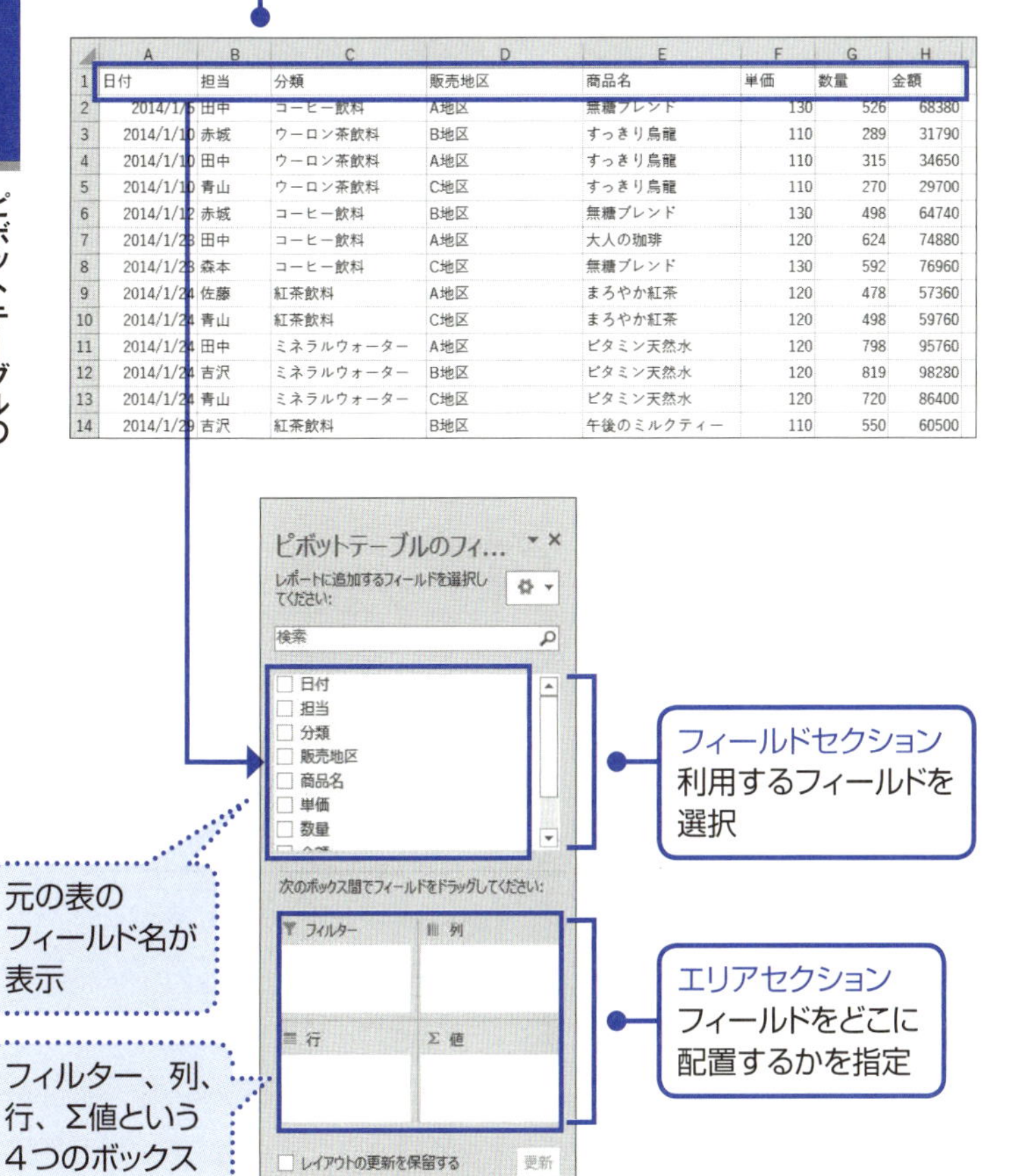

	A	B	C	D	E	F	G	H
1	日付	担当	分類	販売地区	商品名	単価	数量	金額
2	2014/1/5	田中	コーヒー飲料	A地区	無糖ブレンド	130	526	68380
3	2014/1/10	赤城	ウーロン茶飲料	B地区	すっきり烏龍	110	289	31790
4	2014/1/10	田中	ウーロン茶飲料	A地区	すっきり烏龍	110	315	34650
5	2014/1/10	青山	ウーロン茶飲料	C地区	すっきり烏龍	110	270	29700
6	2014/1/12	赤城	コーヒー飲料	B地区	無糖ブレンド	130	498	64740
7	2014/1/23	田中	コーヒー飲料	A地区	大人の珈琲	120	624	74880
8	2014/1/23	森本	コーヒー飲料	C地区	無糖ブレンド	130	592	76960
9	2014/1/24	佐藤	紅茶飲料	A地区	まろやか紅茶	120	478	57360
10	2014/1/24	青山	紅茶飲料	C地区	まろやか紅茶	120	498	59760
11	2014/1/24	田中	ミネラルウォーター	A地区	ビタミン天然水	120	798	95760
12	2014/1/24	吉沢	ミネラルウォーター	B地区	ビタミン天然水	120	819	98280
13	2014/1/24	青山	ミネラルウォーター	C地区	ビタミン天然水	120	720	86400
14	2014/1/29	吉沢	紅茶飲料	B地区	午後のミルクティー	110	550	60500

フィールドをドラッグ&ドロップ

「ピボットテーブルのフィールド」作業ウィンドウの見方がわかったところでさっそく実践だ。手始めに「商品名」ごとに「数量」と「金額」の合計を求めるピボットテーブルを作成してみよう。

「ピボットテーブルのフィールド」作業ウィンドウの操作は、実にシンプルだ。フィールドセクションに並んだフィールド名を、エリアセクションのボックスまでドラッグ&ドロップするだけなのだ。

まず、商品名の見出しが必要だ。そこでフィールドセクションの「商品名」フィールドをエリアセクションの左下にある「行」

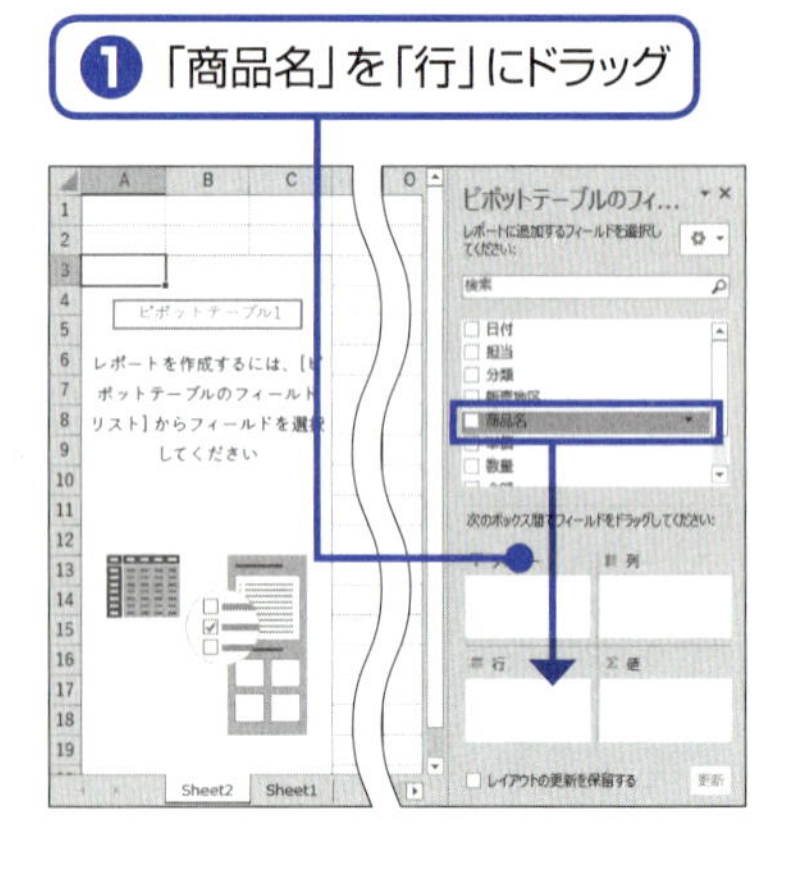

❷「商品名」が表示された

❸「数量」を「Σ値」にドラッグ

ボックスまでドラッグする。マウスのボタンから指を離すと同時に、元の表に入力された商品名の一覧がA列に表示される。

同様にして、フィールドセクションの「数量」フィールドをエリアセクション右下の「Σ値」ボックスまでドラッグしよう。これで、各商品の販売数の合計がB列に表示される。最後に「金額」フィールドを同じく「Σ値」ボックスにドラッグすると、「数量」の右隣りのC列に今度は「金額」の合計が追加される。

あっという間に、商品ごとに数量と金額を合計するピボットテーブルが完成した！

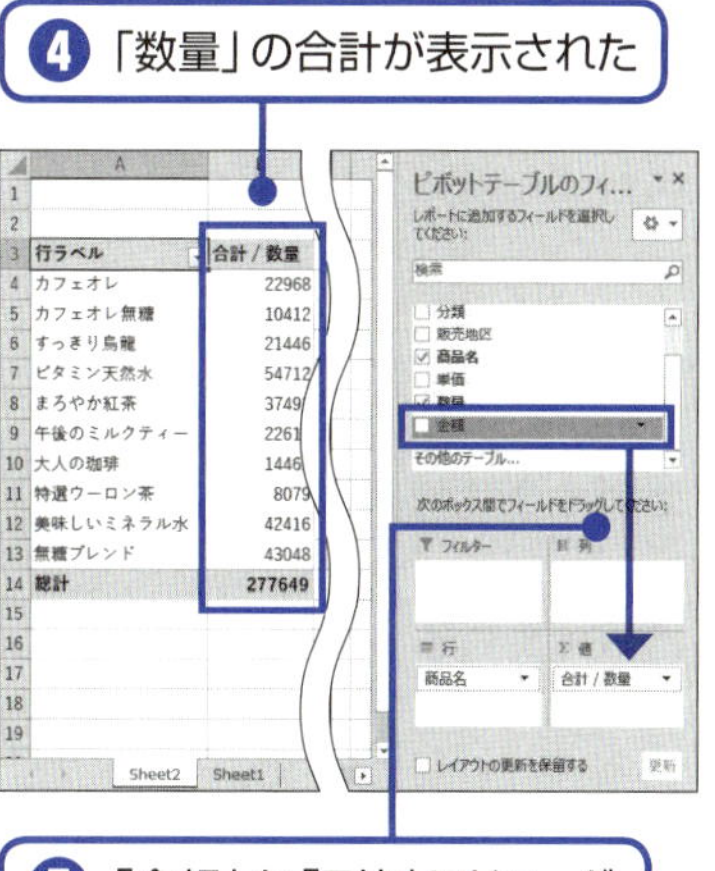

行ラベル	合計 / 数量
カフェオレ	22968
カフェオレ無糖	10412
すっきり烏龍	21446
ビタミン天然水	54712
まろやか紅茶	3749
午後のミルクティー	2261
大人の珈琲	1446
特選ウーロン茶	8079
美味しいミネラル水	42416
無糖ブレンド	43048
総計	277649

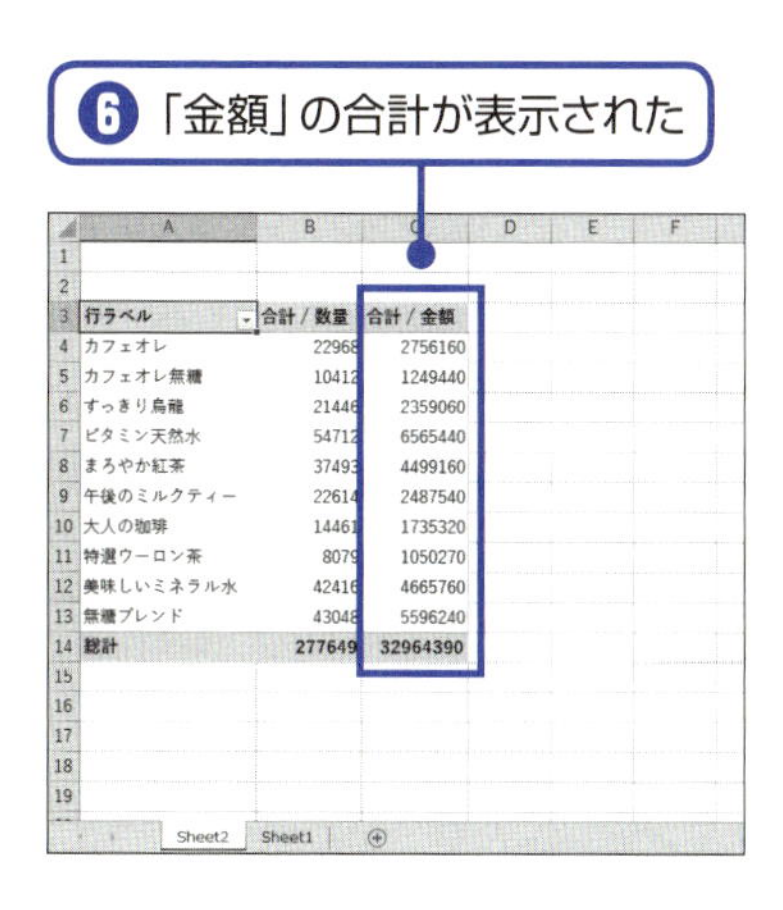

行ラベル	合計 / 数量	合計 / 金額
カフェオレ	22968	2756160
カフェオレ無糖	10412	1249440
すっきり烏龍	21446	2359060
ビタミン天然水	54712	6565440
まろやか紅茶	37493	4499160
午後のミルクティー	22614	2487540
大人の珈琲	14461	1735320
特選ウーロン茶	8079	1050270
美味しいミネラル水	42416	4665760
無糖ブレンド	43048	5596240
総計	277649	32964390

間違えた場合もドラッグ&ドロップで修正

項目をひとつずつセルに入力して、罫線を引き、合計を求める計算式を入れて…と地道に表を作る作業の手間を考えると、クロス集計表はあっけないほどかんたんに出来上がってしまう。

ドラッグ&ドロップするフィールドをうっかり間違えてしまった場合でも、慌てる必要は少しもない。同じドラッグ&ドロップの操作で、間違えて追加したフィールドをかんたんに削除できるからだ。誤って追加したフィールドを削除するには、エリアセクションのボックスに表示されているフィールド名のボタンを「ピボットテーブルのフィールド」作業ウィンドウの外まで(シートの上がわかりやすい)ドラッグする。すると、ポインターに×印が表示される。これを確認してマウスのボタンから指を離せば、そのフィールドはピボットテーブルから削除される。

なお、削除したフィールドも、フィールドセクションにはフィールド名がちゃんと残っている。次に必要になったときには、再度フィールドセクションからエリアセクションにドラッグすれば、何度でもピボットテーブルに配置できる。臆することなくフィールド名をドラッグ&ドロップして、集計表を作る操作に早く慣れてしまおう。

間違えたフィールドのボタンは外へドラッグして削除

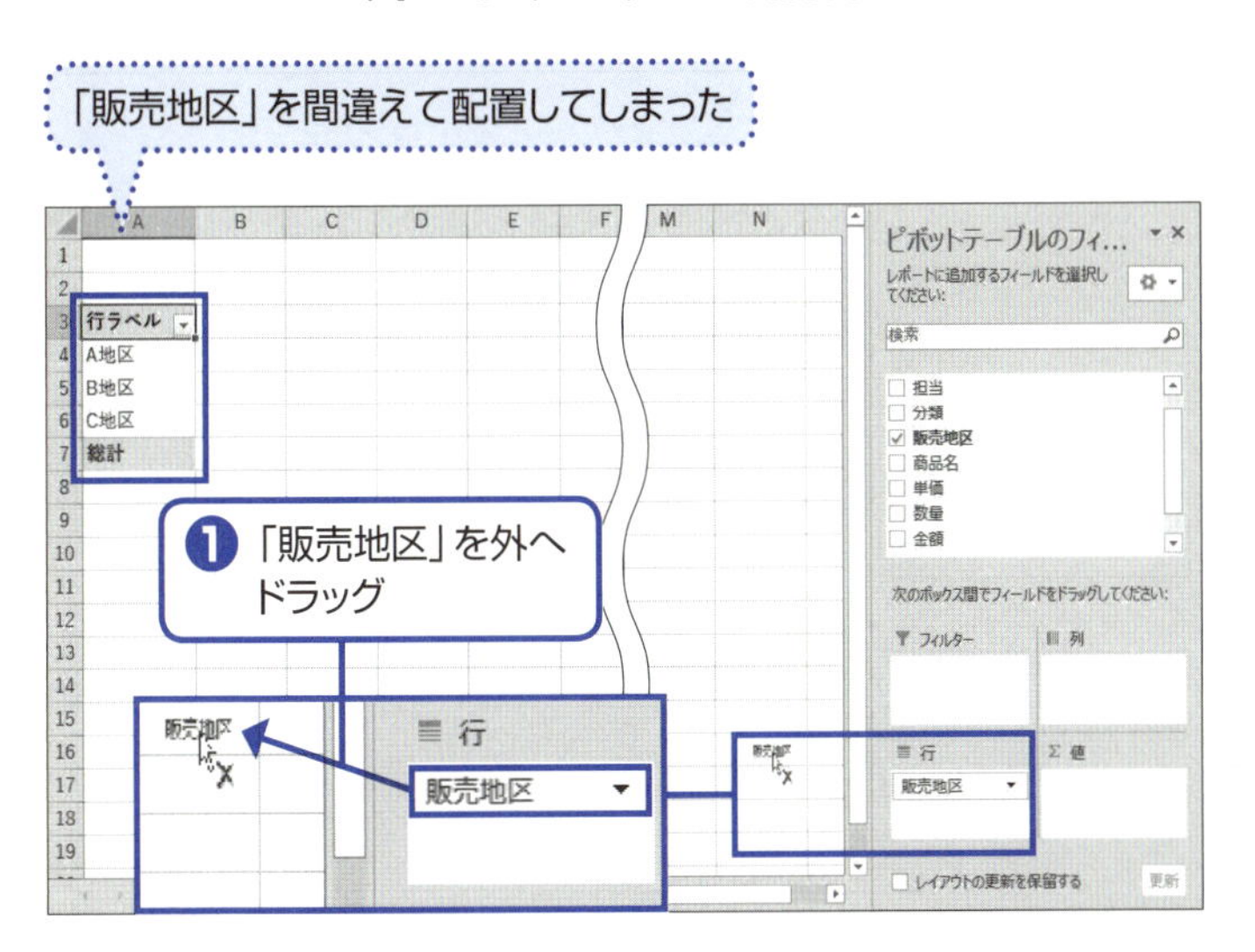

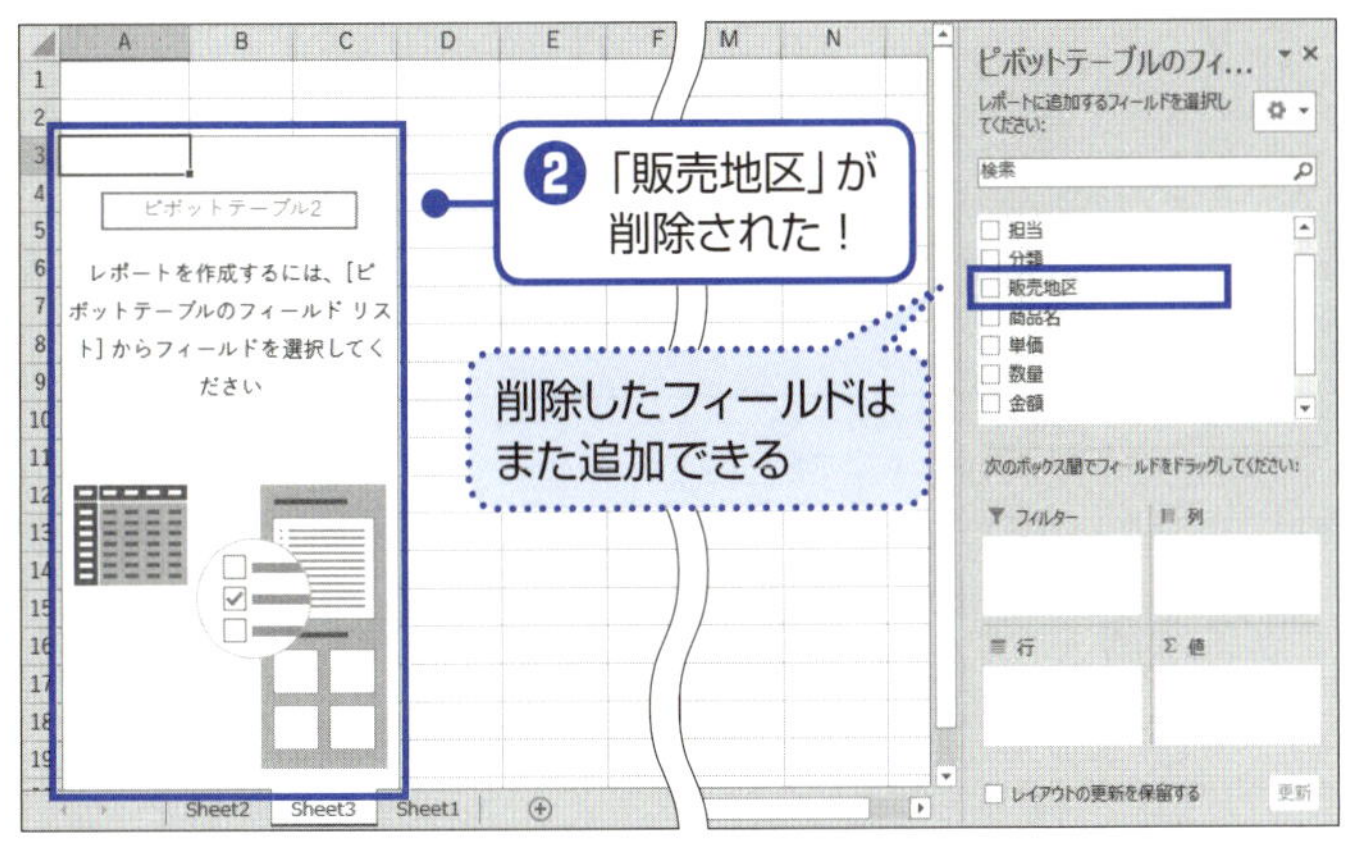

SECTION 09

最終的に何が集計されるのか

ピボットテーブルにおける「行」と「列」の役割

ピボットテーブルのレイアウトの鉄則を確認しておきたい。まずA列の「行ラベル」と書かれたセルの下を見てほしい。この部分をピボットテーブルでは「行」のエリアと呼ぶ。また、3行目の列見出しが表示された部分は「列」のエリアと呼ばれる。

「行」のエリアには、集計の基準となる属性が配置される。今回は、商品別に集計するので「商品名」フィールドをここに指定した。一方「列」のエリアには、**集計する数値データそのもののフィールドが配置**される。合計を求めたい対象である「数量」と「金額」のフィールドが配置されているのはそのためだ。

作業ウィンドウでエリアセクションをどのように使えばよいだろうか。50ページの操作では、まず「商品名」フィールドをエリアセクションの「行」ボックスにドラッグしていたはずだ。つまり、「行」のエリアにフィールドを配置するには、エリアセクションの「行」ボックスにフィールドをドラッグすればよい。

「行」と「列」それぞれのエリアの役割とは?

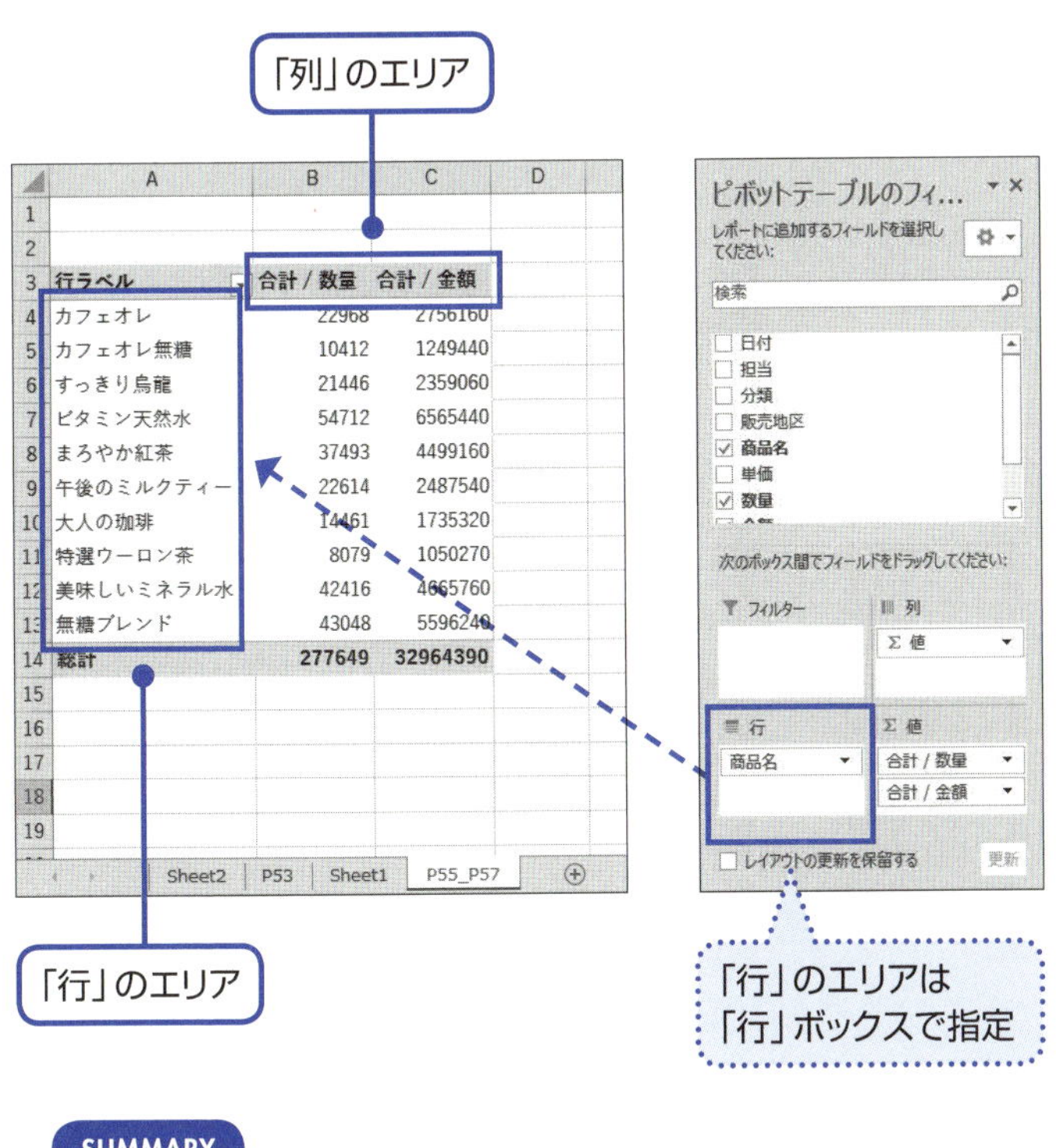

SUMMARY

- 行 ➡ 集計のキーとなる属性を配置（例：商品名）
- 列 ➡ 集計したい数値データを配置（例：数量、金額）

「行」と「列」がクロスする位置で集計される

「行」のエリアに指定した「商品名」と、「列」のエリアの項目が交差(クロス)する位置には、各商品の「数量」と「金額」の合計が表示される。

では、そのためにはどんな操作が必要だろうか。実はこれもあっけないほどシンプルで、ドラッグ&ドロップするだけでよい。ただし、ドラッグ先となる場所に注意が必要だ。「ピボットテーブルのフィールド」作業ウィンドウのエリアセクションには、右下に「Σ値」というボックスがある。**「列」ボックスではなく、「Σ値」ボックスに集計したい数値データのフィールドをドラッグ&ドロップ**しよう。この例では、「数量」フィールドと「金額」フィールドを「Σ値」ボックスにドラッグしている。

この「Σ値」ボックスは、独特の働きをする。ここにフィールド名をドラッグ&ドロップした時点で、集計が瞬時に実行され、合計結果が「行」と「列」のクロスするエリアに表示される。このとき、「合計/数量」のような列見出しを「列」のエリアに追加してくれるのだ。

「数量」フィールドに続けて「金額」フィールドを「Σ値」ボックスに追加すると、2つ以上の列見出しが横に並ぶ。すると、今度はエリアセクションの「列」ボックスに「Σ値」という表示が現れる。これは、「『列』のエリアのフィールドは「Σ値」ボックスの内容と同じなので、そちらを参照してください」という指示だと思えばよいだろう。

なお、この表示はそのままにしておこう。**「列」ボックスには、基本的に何も指定する必要はない。**

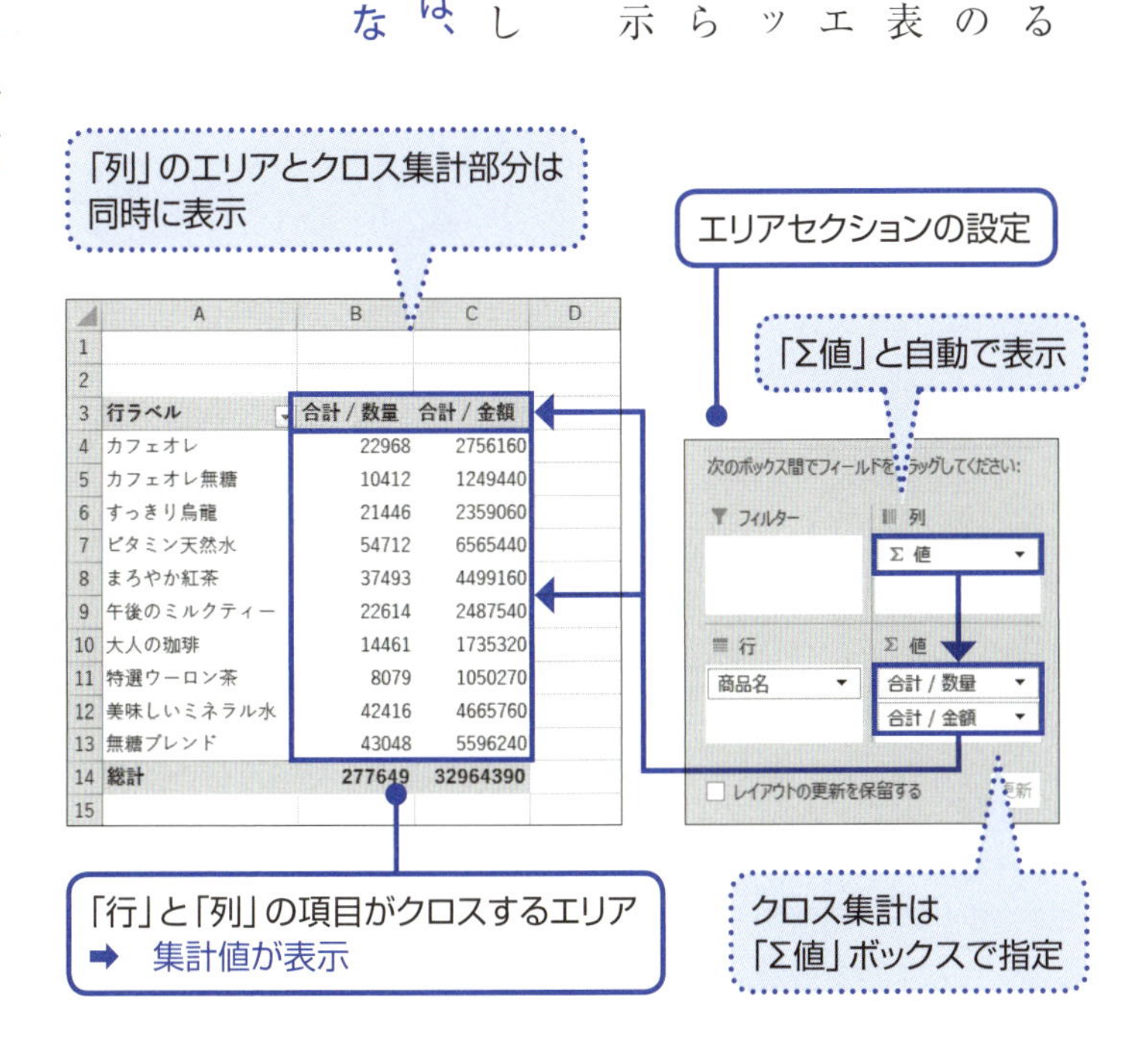

SECTION 10

フィールドの選択これですべてが決まる

どのフィールドを指定するのか

左ページのように、「商品分類」別に「数量」と「金額」を合計したい。では、どのフィールドをエリアセクションのどのボックスに配置すればよいだろうか。

まず**集計のキーとなる属性のフィールドを「行」のエリアに配置**する。ただし、属性は1つではない。指定するフィールドは「分類」、「販売地区」、「日付(年)」(年単位でグループ化された「日付」フィールド)の3つになる。これらのフィールド名を、エリアセクションの「行」ボックスにドラッグ&ドロップする。

次に、「列」のエリアを見てみよう。列のエリアに配置するのは、集計対象となる数値のフィールドだ。ここでは「数量」、「金額」の2つのフィールドになる。これを指定するには、**エリアセクションの「Σ値」ボックスにフィールドをドラッグ&ドロップ**すればよい。56ページで紹介したように、「Σ値」ボックスに数値フィールドを指定すれば、列見出しと合計値の両方が表示される。

「行」と「列」に指定する フィールドを確認

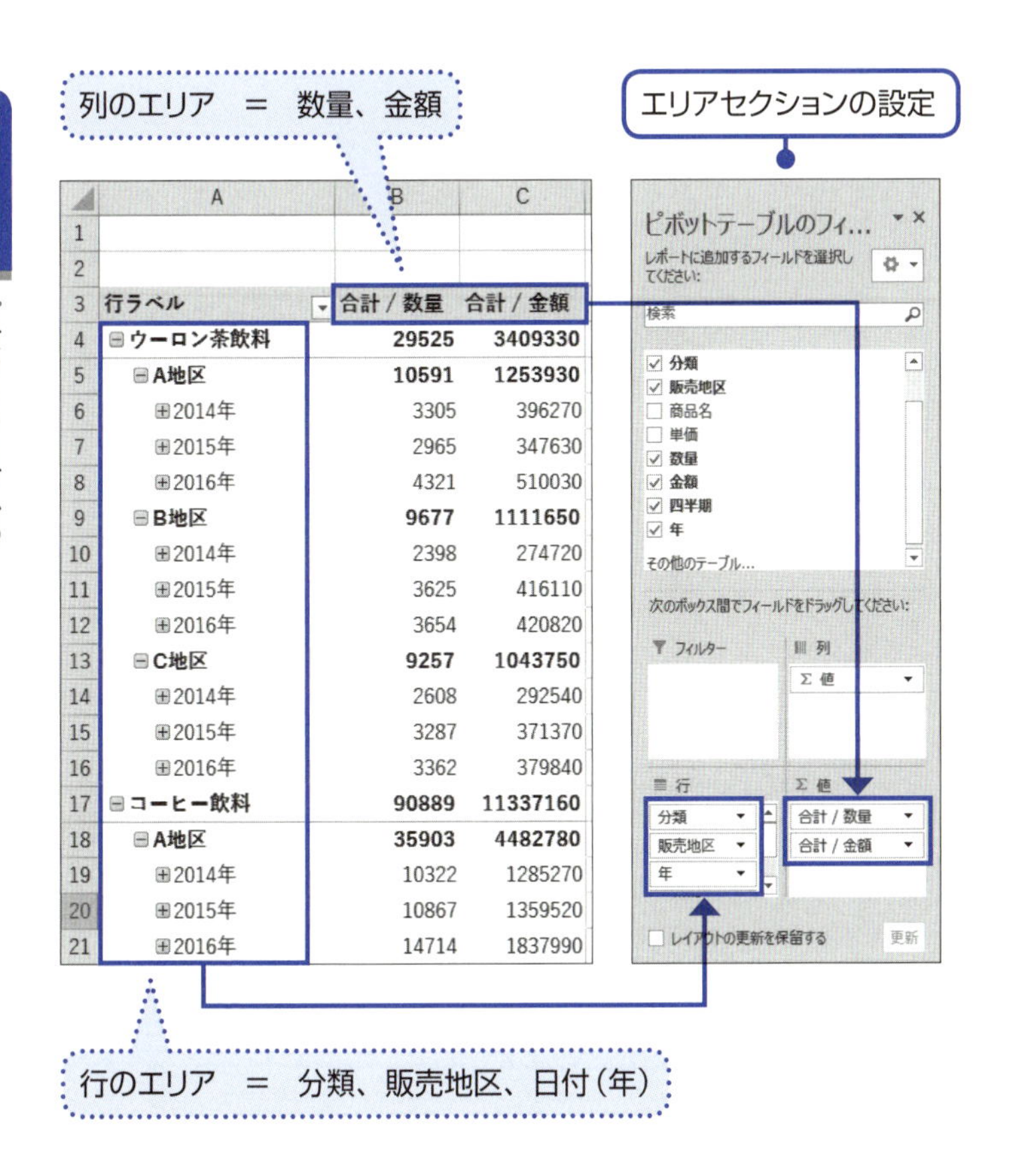

	A	B	C
1			
2			
3	行ラベル	合計 / 数量	合計 / 金額
4	⊟ウーロン茶飲料	29525	3409330
5	⊟A地区	10591	1253930
6	⊞2014年	3305	396270
7	⊞2015年	2965	347630
8	⊞2016年	4321	510030
9	⊟B地区	9677	1111650
10	⊞2014年	2398	274720
11	⊞2015年	3625	416110
12	⊞2016年	3654	420820
13	⊟C地区	9257	1043750
14	⊞2014年	2608	292540
15	⊞2015年	3287	371370
16	⊞2016年	3362	379840
17	⊟コーヒー飲料	90889	11337160
18	⊟A地区	35903	4482780
19	⊞2014年	10322	1285270
20	⊞2015年	10867	1359520
21	⊞2016年	14714	1837990

属性を指定する「行」と集計値そのものを指定する「列」

ここでちょっと考えてみよう。そもそも「行」や「列」のエリアに配置するのにふさわしいフィールドとは、いったいどんなものだろうか。

「商品分類別に集計する」「担当者別に集計する」…このように合計などを求めるときに、データを「＊＊別に」分類する基準とするものを**属性**と呼ぶ。**「行」エリアには属性となるフィールドを指定**すればよい。59ページのピボットテーブルを見ると、「行」のエリアの先頭に「ウーロン茶飲料」という商品分類が表示されている。これは「分類」という属性でデータを集計していることを示す。

支社別に集計するなら「支社」フィールド、担当者ごとに売上の違いを比較するなら「担当者」フィールドのように、**何をもって集計の基準とするのかによって使う属性は変化する**。集計の基準としたい項目を「行」のエリアに指定しよう。

なお、担当者の名前や商品の名前のように、属性のフィールドに格納されているデータは、文字データであることが多い。文字以外では「売上日」などの日付データも「行」

エリアに指定できる。ただし、「年」、「四半期」、「月」といった適度な範囲でグループ化して一定区間ごとに金額などをまとめるのが現実的だ。同様に、「数量」、「来店者数」のような数値データのフィールドも、一定量ずつグループ化すれば、「0〜100人」、「101〜200人」のような項目見出しにできるため、属性として「行」のエリアに指定することは可能だ。

対して、「列」のエリアのルールはグッとシンプルだ。**「列」のエリアに指定するのは、集計される値そのもの**であるため、必然的に数字が入力されたフィールドになる。おなじみの「数量」、「金額」のほか、人数や成績の点数などを指定すればよいだろう。

SUMMARY

- 行　集計のキーとなる属性を配置
  入力されるデータの種類：文字
  （日付、数値も可※）
- 列　集計対象となる値を配置
  入力されるデータの種類：数値

※日付、数値を「行」のエリアに指定するときは、グループ化が必須（131ページ参照）

「行」のフィールドの重要度を考える

ここで再び「行」のエリアの話に戻ろう。先に話したように、「行」には複数のフィールドを指定できる。左ページの例を見てほしい。このピボットテーブルでは、まず「分類」別に「数量」と「金額」の合計を求め、同じ商品分類のデータでは「販売地区」ごとに、同じ販売地区のデータはさらに「年」ごとに分けて集計値を求めている。

このとき、「行」のエリアには見方がある。項目の先頭位置に注目してみよう。「分類」、「販売地区」、「日付（あらかじめ年単位でグループ化されている）」と並んだデータの頭の位置が、階段のように、だんだんに右へ下がっているのがわかるだろう。

このとき、頭がもっとも左に突き出ているフィールドが、集計の際にもっとも重要な、いわば大黒柱となるべきフィールドだ。これを最上位フィールドと呼ぶ。このピボットテーブルでは、「分類」が最上位フィールドになる。先頭の字下げの位置が右へ深くなるほど、フィールドのレベルが下がり、親から子、孫へと階層は深くなる。

「行」のエリアに複数のフィールドを設定するときには、この階層を理解することが欠かせない。それは、うっかり階層の指定を間違えると、自分の想定するピボットテーブルにならないためだ。この点については、次のセクションでさらに詳しく説明する。

先頭が左端に来るフィールドが「最上位」

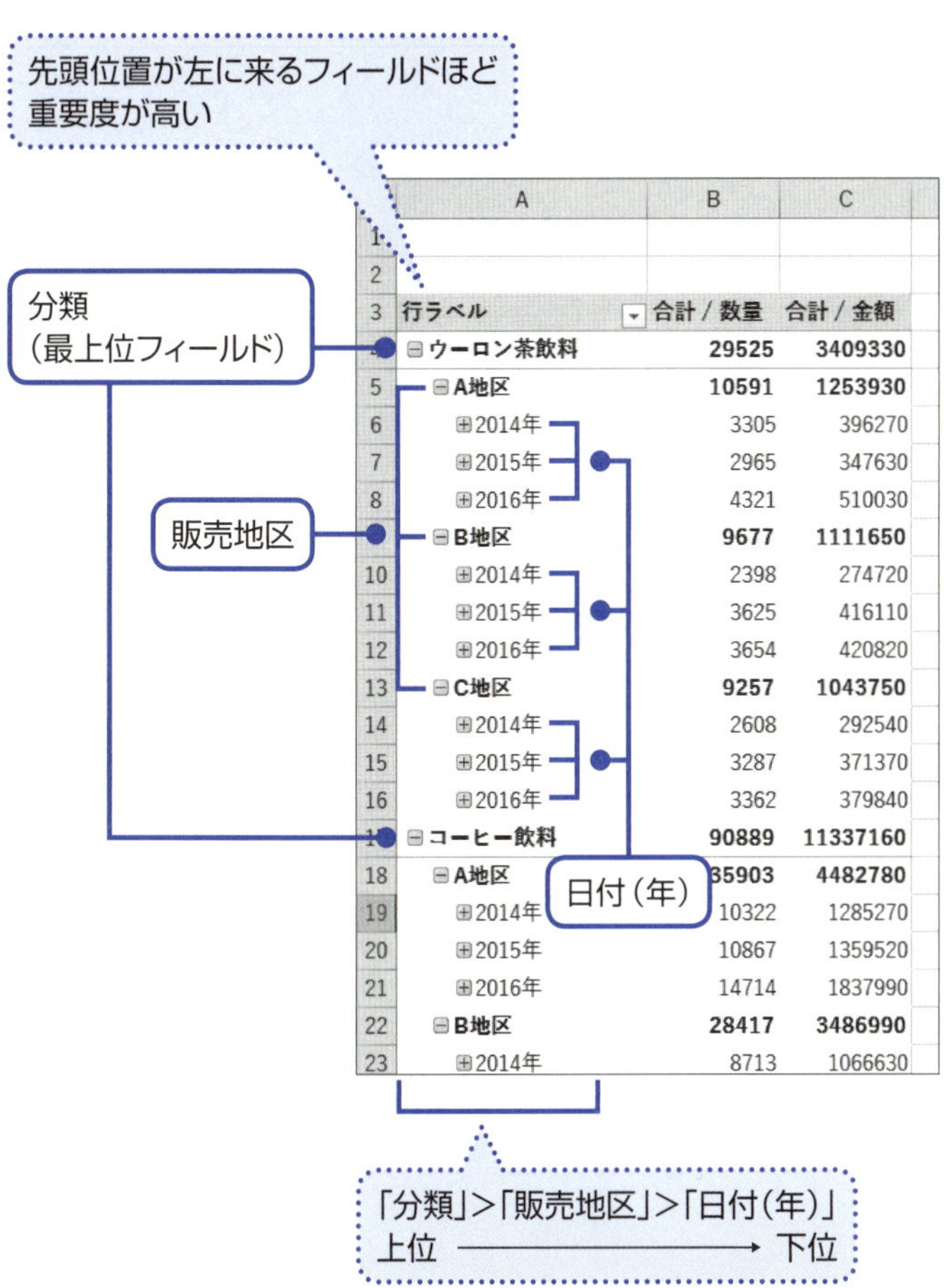

	A	B	C
1			
2			
3	行ラベル	合計 / 数量	合計 / 金額
4	⊟ウーロン茶飲料	29525	3409330
5	⊟A地区	10591	1253930
6	⊞2014年	3305	396270
7	⊞2015年	2965	347630
8	⊞2016年	4321	510030
9	⊟B地区	9677	1111650
10	⊞2014年	2398	274720
11	⊞2015年	3625	416110
12	⊞2016年	3654	420820
13	⊟C地区	9257	1043750
14	⊞2014年	2608	292540
15	⊞2015年	3287	371370
16	⊞2016年	3362	379840
17	⊟コーヒー飲料	90889	11337160
18	⊟A地区	35903	4482780
19	⊞2014年	10322	1285270
20	⊞2015年	10867	1359520
21	⊞2016年	14714	1837990
22	⊟B地区	28417	3486990
23	⊞2014年	8713	1066630

※実際の操作は84ページ参照

SECTION 11

行に設定するフィールドは1つだけではない

属性には「上位」と「下位」がある

「行」のエリアには複数の属性を配置できる。この場合、**属性間には上位と下位の序列が生まれる**。序列が自然と決まる例で理解しよう。この清涼飲料水メーカーでは、1つの販売地区に担当者を2名ずつ置いている。各担当者は複数の地区を担当することはない。

この場合、「販売地区」フィールドは、「担当」フィールドよりも上の階層に位置付けられる、つまり、「販売地区」が上位、「担当」が下位の関係になるのだ。この関係で、正しく「行」のエリアにフィールドを配置すると、ピボットテーブルは左ページの下の例のようになる。

所属部署と社員、商品分類と商品名などもこれとよく似た関係だ。社員がいずれか1つの部署に属している場合や、個々の商品がいずれか1つの商品分類に区分される場合は、それぞれ2つの属性間には序列があり、「上位」と「下位」は固定になる。

どっちが上位？ 属性の序列を考える

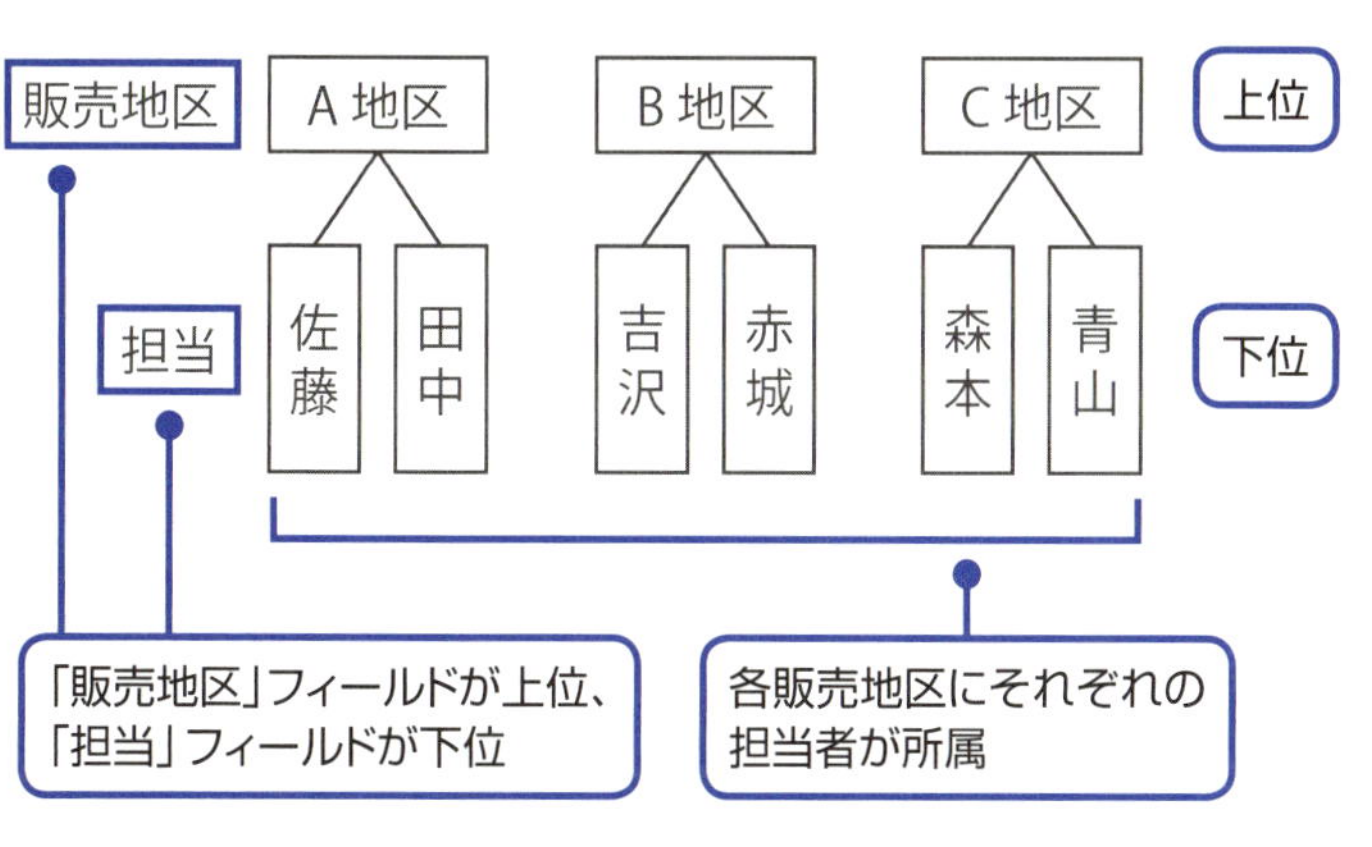

行ラベル	合計 / 数量	合計 / 金額
⊟A地区	105889	12642090
佐藤	58449	6988990
田中	47440	5653100
⊟B地区	86934	10292740
吉沢	46999	5583550
赤城	39935	4709190
⊟C地区	84826	10029560
森本	35122	4171850
青山	49704	5857710
総計	277649	32964390

ピボットテーブルにするとこうなる

属性の「上位」と「下位」を自分で決める

実際には上位と下位が固定でない例も多い。その場合、ピボットテーブルにフィールドを配置する際、自分で序列を決める必要がある。

50ページで作成したピボットテーブルでは、「商品名」ごとに「数量」と「金額」を合計している。「行」のエリアに配置されているのは「商品名」だけだが、ここに「販売地区」という属性を追加する例で考えてみよう。

「販売地区」と「商品名」のように、直接の関連がないフィールドの場合、上下関係は固定ではない。固定でないということは、「販売地区」、「商品名」のどちらも上位になりうるということだ。このように属性間に直接の上下関係が存在しない場合は、集計のキー項目のうち、**自分がメインとしたいフィールドを「上位」とすればよい**。

左ページを見てほしい。左側のピボットテーブルに「販売地区」の情報を追加して、各商品の売上が販売地区によってどのくらい差があるのかを調べたい。この場合、主となる属性は「商品名」だ。そこへ「販売地区」の情報を加えるわけだから、「商品名」が上位で「販売地区」が下位となる。

何を基準に「上位」と「下位」を決めたらよいのか?

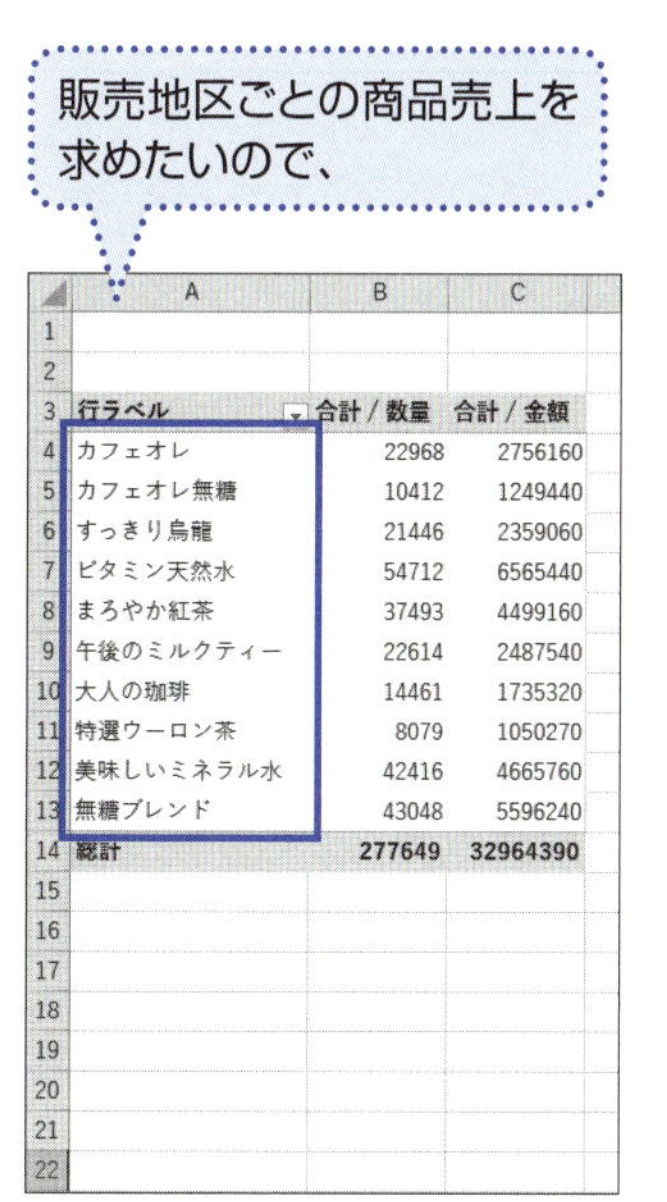

	A	B	C
1			
2			
3	行ラベル	合計 / 数量	合計 / 金額
4	カフェオレ	22968	2756160
5	カフェオレ無糖	10412	1249440
6	すっきり烏龍	21446	2359060
7	ビタミン天然水	54712	6565440
8	まろやか紅茶	37493	4499160
9	午後のミルクティー	22614	2487540
10	大人の珈琲	14461	1735320
11	特選ウーロン茶	8079	1050270
12	美味しいミネラル水	42416	4665760
13	無糖ブレンド	43048	5596240
14	総計	277649	32964390
15			
16			
17			
18			
19			
20			
21			
22			

「販売地区」を追加した

	A	B	C
2			
3	行ラベル	合計 / 数量	合計 / 金額
4	⊟カフェオレ	22968	2756160
5	A地区	9564	1147680
6	B地区	7424	890880
7	C地区	5980	717600
8	⊟カフェオレ無糖	10412	1249440
9	A地区	624	74880
10	B地区	8952	1074240
11	C地区	836	100320
12	⊟すっきり烏龍	21446	2359060
13	A地区	6145	675950
14	B地区	7318	804980
15	C地区	7983	878130
16	⊟ビタミン天然水	54712	6565440
17	A地区	23519	2822280
18	B地区	20004	2400480
19	C地区	11189	1342680
20	⊟まろやか紅茶	37493	4499160
21	A地区	13674	1640880
22	B地区	12166	1459920
23	C地区	11653	1398360

商品名 > **販売地区**
上位　　　下位

SUMMARY

主となるフィールドを「上位」、従となるフィールドを「下位」にする

上位と下位を逆にするとどうなる？

では、「行」のエリアに配置した属性の上位、下位を間違えるとどうなるだろう。基本的に、66ページで決めたフィールドの序列は、自分が欲しい分析内容に沿ったものであるから、上位と下位を反対にしてはならないわけだが、ここではあえて反対にしてみよう。

すると、作成されるピボットテーブルは左ページのようになる。「販売地区」フィールドが上位、「商品名」フィールドが下位となったピボットテーブルでは、地区名の下に商品名が割り込むように配置される。同じ商品の集計結果が離れたところに置かれてしまい、商品名を基準に情報を追いかけるには、なんとも使いにくい。このように、本来、**下位にくるべきフィールドが上位にくると体裁が崩れてしまう**のだ。これでは「商品名」を分析の柱とした集計表としては用をなさないことがおわかりだろう。

以上のことからわかったように、「行」のエリアに配置する属性が複数あるときは、まず階層の順位を考えよう。その場合、自分が分析したい柱となる内容のフィールドを最上位にする。そして、上位と下位は変更せず、最初に決めた通りにピボットテーブルを作ることが肝心だ。具体的な操作については、第3章で説明する。ここではまず、自分の思い通りのクロス集計表をスムーズに作るために、属性の優先順位について十分に理解しておこう。

反対に「販売地区」を上位、「商品名」を下位にすると…

	行ラベル	合計 / 数量	合計 / 金額
2			
3	行ラベル	合計 / 数量	合計 / 金額
4	⊟A地区	**105889**	[illegible]
5	カフェオレ	9564	[illegible]
6	カフェオレ無糖	624	[illegible]
7	すっきり烏龍	6145	675950
8	ビタミン天然水	23519	2822280
9	まろやか紅茶	13674	1640880
10	午後のミルクティー	11122	1223420
11	大人の珈琲	8273	992760
12	特選ウーロン茶	4446	577980
13	美味しいミネラル水	11080	1218800
14	無糖ブレンド	17442	2267460
15	⊟B地区	**86934**	**10292740**
16	カフェオレ	7424	890880
17	カフェオレ無糖	8952	1074240
18	すっきり烏龍	7318	804980
19	ビタミン天然水	20004	2400480
20	まろやか紅茶	12166	1459920
21	午後のミルクティー	5502	605220
22	大人の珈琲	4346	521520
23	特選ウーロン茶	2359	306670
24	美味しいミネラル水	11168	1228480
25	無糖ブレンド	7695	1000350
26	⊟C地区	**84826**	**10029560**
27	カフェオレ	5980	717600
28	カフェオレ無糖	836	100320
29	すっきり烏龍	7983	878130
30	ビタミン天然水	11189	1342680
31	まろやか紅茶	11653	1398360
32	午後のミルクティー	5990	658900
33	大人の珈琲	1842	221040
34	特選ウーロン茶	1274	165620
35	美味しいミネラル水	20168	2218480
36	無糖ブレンド	17911	2328430
37	**総計**	**277649**	**32964390**
38			

SECTION 12

列に指定したフィールドの値が集計される

「列」にはどんな値を集計するのか

「列」のエリアに設定するのにふさわしいフィールドとは、どのようなフィールドだろう？　その答えは、**「合計」などの集計結果を求めたい「数字」のフィールド**となるはずだ。

一般的な例としては、販売数、注文数といった数量や金額を表すフィールドがそれにあたる。これらのフィールドを「列」のエリアに指定すると、「行」の項目見出しとクロスする位置には、自動的に該当する合計が計算され、表示されるしくみだ。

実際にピボットテーブルの操作を行うときには、ひとつ注意点がある。「ピボットテーブルのフィールド」作業ウィンドウでは、エリアセクション右下の**「Σ値」ボックスに集計したいフィールドをドラッグ&ドロップ**する。「列」のエリアの設定ではあるが、ドラッグ先が「列」ボックスではない点に注意しよう。

下のピボットテーブルでは、「数量」の合計と「金額」の合計を表示している。このように複数の集計を指定すると、エリアセクションの「Σ値」の欄には、上から順にボタンが並び、ピボットテーブルでは、左から右へと同様の列見出しが並ぶ。行と列の見出しがクロスする位置には、自動的に「合計」が求められる。

合計ではなく「平均」や「最大値」、「最小値」など別の集計結果を表示することもできる。これについては次のページで紹介する。

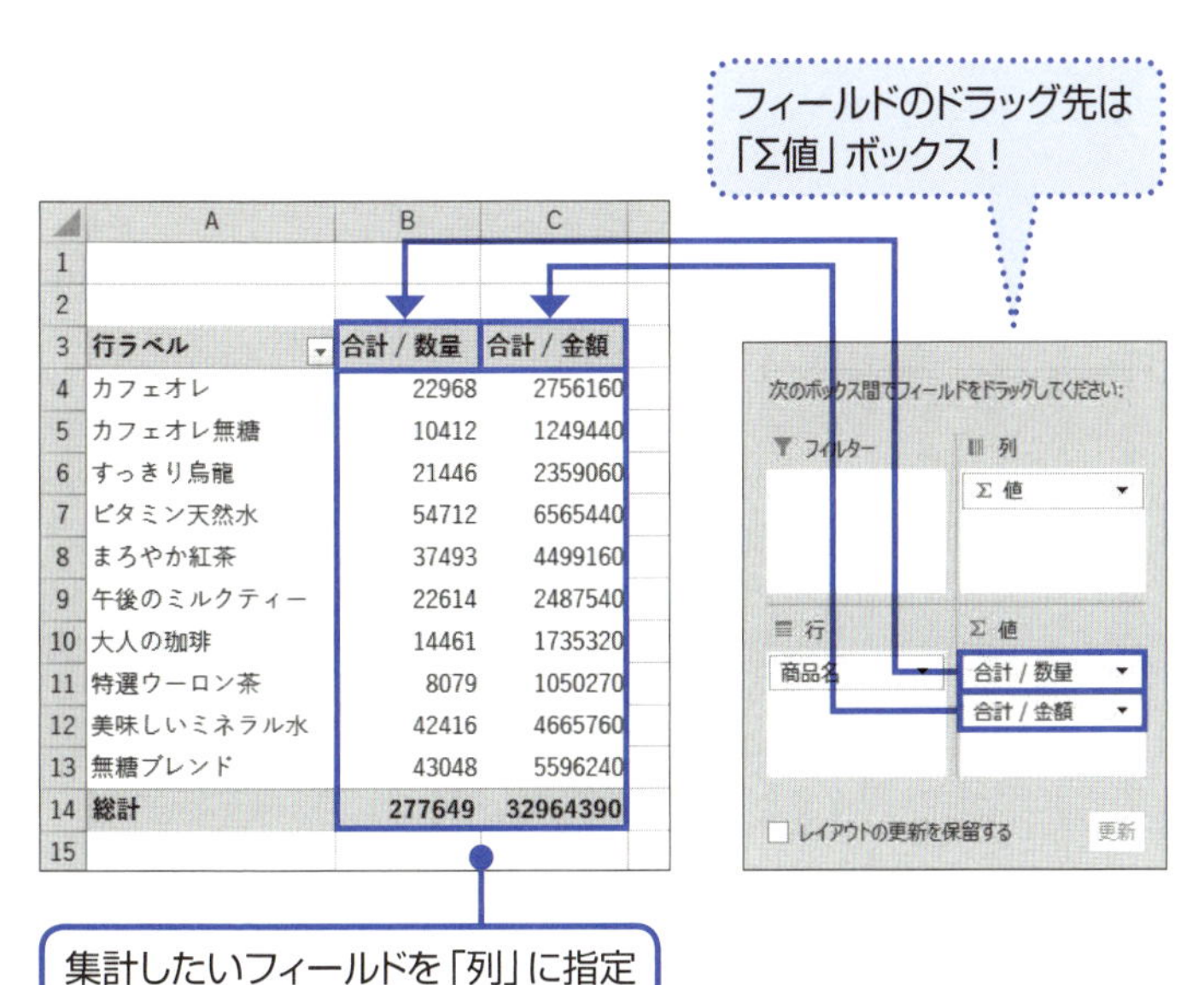

	A	B	C
1			
2			
3	行ラベル	合計 / 数量	合計 / 金額
4	カフェオレ	22968	2756160
5	カフェオレ無糖	10412	1249440
6	すっきり烏龍	21446	2359060
7	ビタミン天然水	54712	6565440
8	まろやか紅茶	37493	4499160
9	午後のミルクティー	22614	2487540
10	大人の珈琲	14461	1735320
11	特選ウーロン茶	8079	1050270
12	美味しいミネラル水	42416	4665760
13	無糖ブレンド	43048	5596240
14	総計	277649	32964390
15			

「合計」以外の集計方法はあとから選ぶ

70ページで紹介したように、「列」のエリアに「数量」や「金額」などの数値が入力されたフィールドを指定すると、「行」の項目と交差する位置には集計結果が表示される。このとき、デフォルトでは合計値が求められるが、この集計方法はあとから変更できる。

集計方法を変更するには、「値フィールドの設定」ダイアログボックスを使う（112ページ参照）。このダイアログボックスを開くと集計方法の一覧が表示される。ここから「合計」以外の集計方法を選べばよい。

たとえば、「金額」フィールドの「合計」を「平均」に変更すると、売上金額の合計から1件当たりの平均売上金額へと集計結果が変わるといった具合だ。ただし、このとき、最初にあった「金額の合計」を、これはこれで残しておきたい場合もあるだろう。その場合は、まずエリアセクションの「Σ値」ボックスに「金額」フィールドをもう1つ追加する。すると、ピボットテーブルには同じ合計値が2列並ぶことになるが、どちらか片方の「金額」フィールドを選んで集計方法を「平均」に変更すれば、金額フィールドの合計と平均の両方を同時に表示できる。

「合計」以外の集計も可能

・「値フィールドの設定」ダイアログボックス

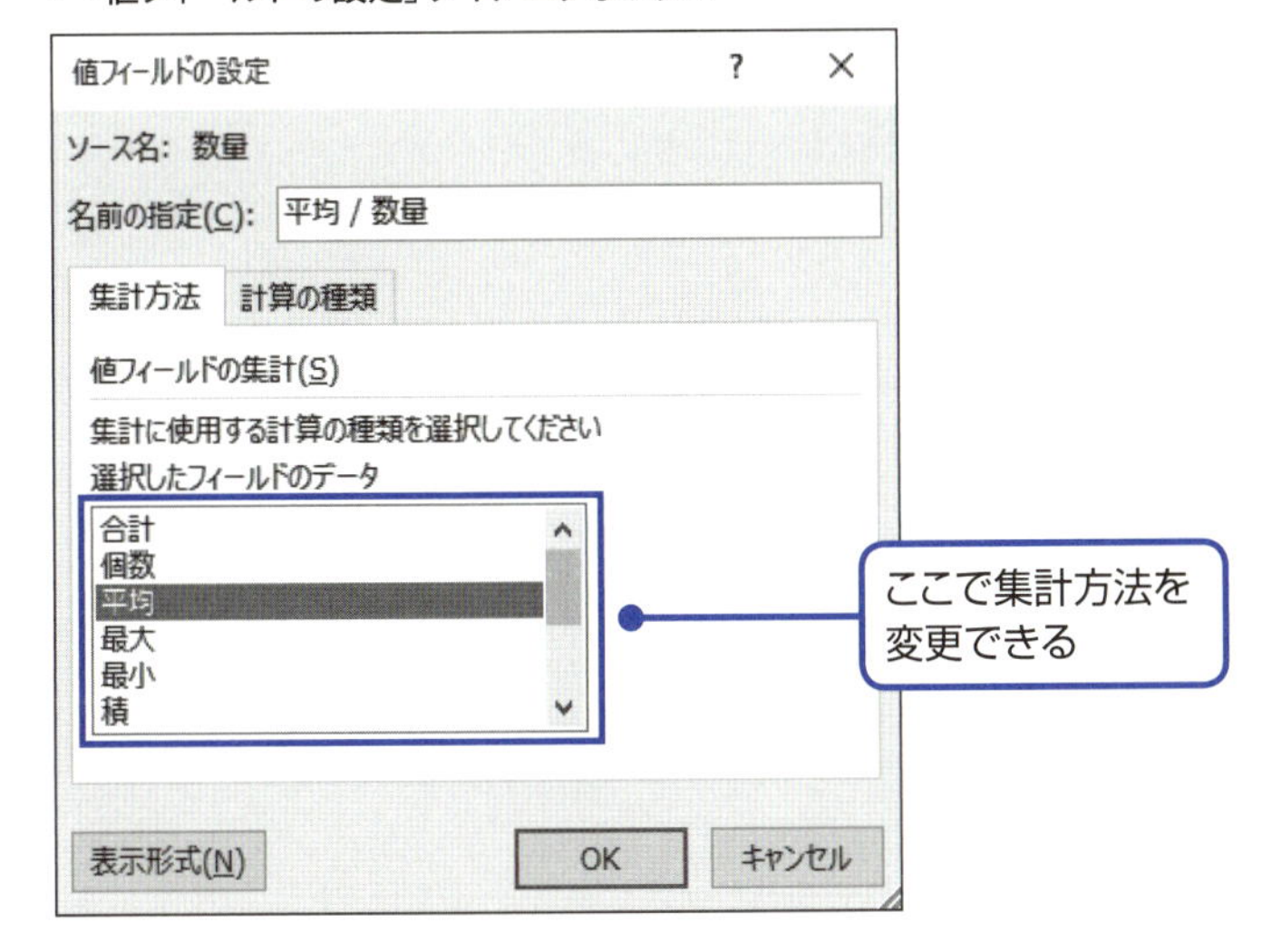

・選択できる集計方法

✓ 合計（初期値）	✓ 数値の個数※2
✓ 個数※1	✓ 標本標準偏差
✓ 平均	✓ 標準偏差
✓ 最大	✓ 標本分散
✓ 最小	✓ 分散
✓ 積	

※1　「個数」は空欄でない何らかのデータが入力されたセルの数
※2　「数値の個数」は数値データが入力されたセルのみが集計

フィールドを使ってオリジナルの集計を求める

合計したり平均したりするだけではなく、独自に計算式を立てたい場合、「集計フィールド」を使う。「集計フィールド」とは、元の表のフィールドを使ってオリジナルの計算式を入力するしくみのことだ。この機能を使えば、左ページの例のように、「金額」フィールドを元にして、８％の消費税を含めた税込金額を求めることができる。ただし、集計フィールドを作る際には、約束事が２つある。

１つ目は名前だ。集計フィールドは、ピボットテーブル上でだけ表示される、いわば架空のフィールドだ。ないところにフィールドを作るのだから名前が必要になる。ここではシンプルに「税込金額」としている。ここで付けた名前は左ページのD3セルのように、「列」のエリアに見出しとして表示される。なお、ここで付ける名前は、既存のフィールド名と重複してはいけない。

２つ目はもちろん計算式だ。先頭に「＝」を入力し、加減乗除の記号も同じものを使える。内容に合ったものならば関数も指定できる。ただし、計算式の中で参照するのは「セル」ではなく「フィールド」になる。したがって、セル番地のかわりに「金額」のようにフィールド名を指定する点が異なる。

「集計フィールド」で独自の計算式を作る

各商品の税込金額を知りたい！

	A		B	C	D
1					
2					
3	行ラベル	▼	合計 / 数量	合計 / 金額	合計 / 税込金額
4	カフェオレ		22,968	2,756,160	2,976,652
5	カフェオレ無糖		10,412	1,249,440	1,349,395
6	すっきり烏龍		21,446	2,359,060	2,547,784
7	ビタミン天然水		54,712	6,565,440	7,090,675
8	まろやか紅茶			99,160	4,859,092
9	午後のミルクティー			37,540	2,686,543
10	大人の珈琲		14,461	1,735,320	1,874,145
11	特選ウーロン茶		8,079	1,050,270	1,134,291
12	美味しいミネラル水		42,416	4,665,760	5,039,020
13	無糖ブレンド		43,048	5,596,240	6,043,939
14	**総計**		**277,649**	**32,964,390**	**35,601,541**
15					

集計フィールド

SUMMARY

「集計フィールド」の設定に必要なもの

① 名前

税込金額

② 計算式

＝INT（金額＊1.08）

元の表のフィールドを参照

SECTION 13

計算式をピボットテーブルに作成する際の注意点

「集計フィールド」はテンポラリーなものと考える

集計フィールドのしくみはテンポラリーなものと考えよう。つまり、ここで求めた計算結果は、ピボットテーブル上でだけ確認できる一時的なものに過ぎない。

左ページを見てほしい。たとえば、C列に金額の合計を集計した時点で、「そういえば、税込みだとこの金額はいくらになるんだろう？」と商品別の税込金額合計を知りたくなったような場合だ。こんなときは、隣のD列に集計フィールドを作って税込金額を求めれば、C列の税抜金額との比較ができるようになる。

集計フィールドの「数式」欄を見れば、通常のセルの場合と同様に、「=」で始まる計算式が入っていることがわかるだろう。式の中にある「金額」という文字は、元の表の「金額」フィールドを指す。「INT」とはINT（インテジャー）関数のことで、消費税額を求めたときに出る1円未満の端数を切り捨てて整数にする働きをしている。

これで「税込金額」がピボットテーブルに表示される。

「集計フィールド」は ピボットテーブル上だけの“一時的な計算”

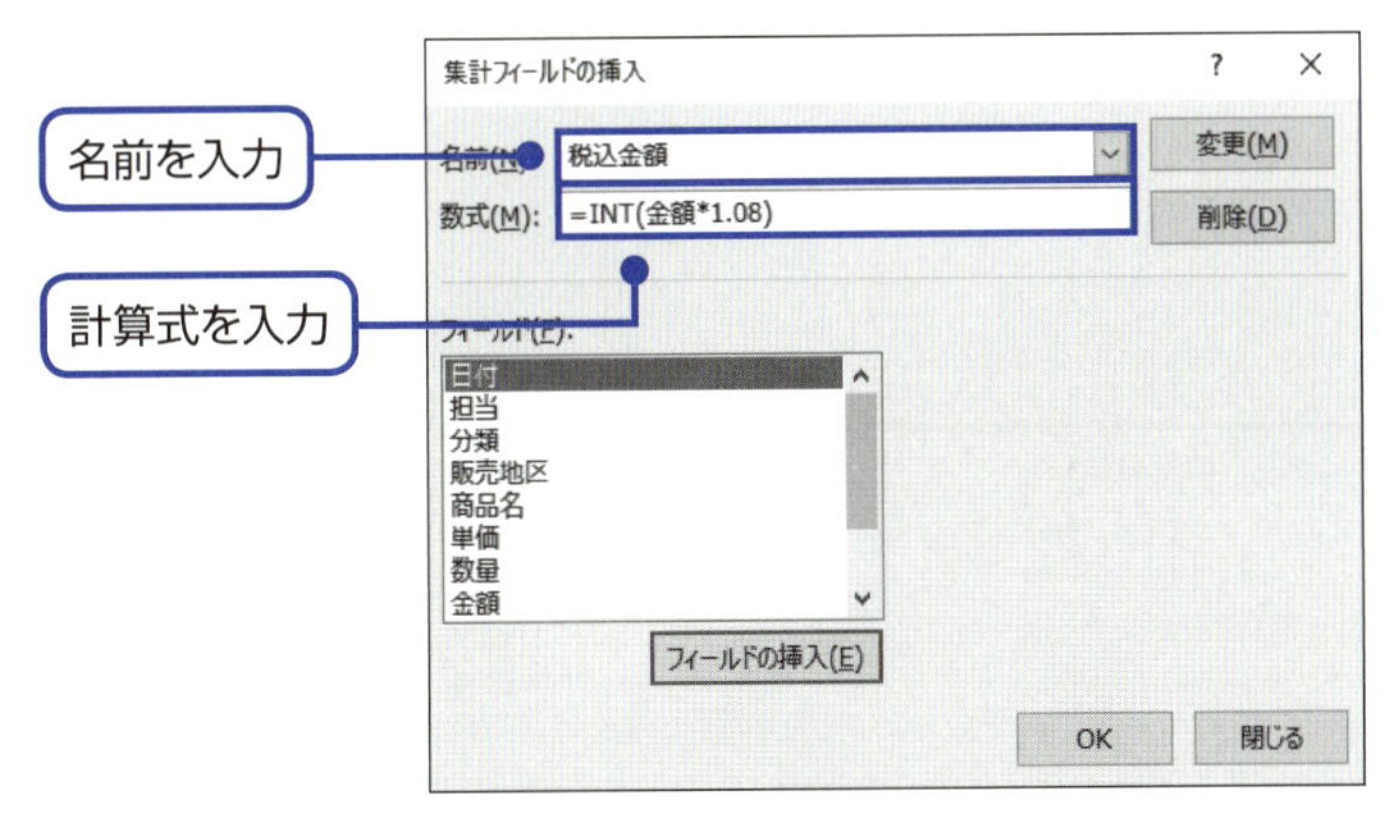

	A	B	C	D	E	F
1						
2						
3	**行ラベル**	**合計 / 数量**	**合計 / 金額**	**合計 / 税込金額**		
4	カフェオレ	22,968	2,756,160	2,976,652		
5	カフェオレ無糖	10,412	1,249,440	1,349,395		
6	すっきり烏龍	21,446	2,359,060	2,547,784		
7	ビタミン天然水	54,712	6,565,440	7,090,675		
8	まろやか紅茶	37,493	4,499,160	4,859,092		
9	午後のミルクティー	22,614	2,487,540	2,686,543		
10	大人の珈琲	14,461	1,735,320	1,874,145		
11	特選ウーロン茶	8,079	1,050,270	1,134,291		
12	美味しいミネラル水	42,416	4,665,760	5,039,020		
13	無糖ブレンド	43,048	5,596,240	6,043,939		
14	**総計**	**277,649**	**32,964,390**	**35,601,541**		
15						

集計フィールド

「単価」×「数量」には使えない？

28ページでは、元の表に「単価」と「数量」を掛け算して「金額」フィールドを作っておく必要があると説明した。だが、フィールドを使う計算ならば、「集計フィールド」でもできるはず。元の表に追加せずとも、集計フィールドで「金額」を計算できるのではないだろうか。具体的には「金額の合計」のような名前で新しく集計フィールドを作り、「単価」フィールド×「数量」フィールドとなる計算式を設定すれば、商品別に金額の合計を求めることも問題なくできそうに思えるだろう。

これを実際にやってみた結果が左ページの内容だ。商品別に「単価」×「数量」を計算し、その合計を求めたはずの結果が、ありえないほど桁の大きい数字になってしまっている。

1件目の商品を見てほしい。C4セルに表示される「カフェオレ」の金額の合計は、本来ならば「2,756,160」となるはずだ。ところが、集計フィールドで求めた計算結果は、「88,197,120」となっている。ほかの商品の数値も同様に桁が大きすぎて、「金額の合計」として明らかに妥当な数字ではない。どうしてこんな膨大な計算結果になってしまうのだろうか？

「単価」×「数量」は計算できない!?

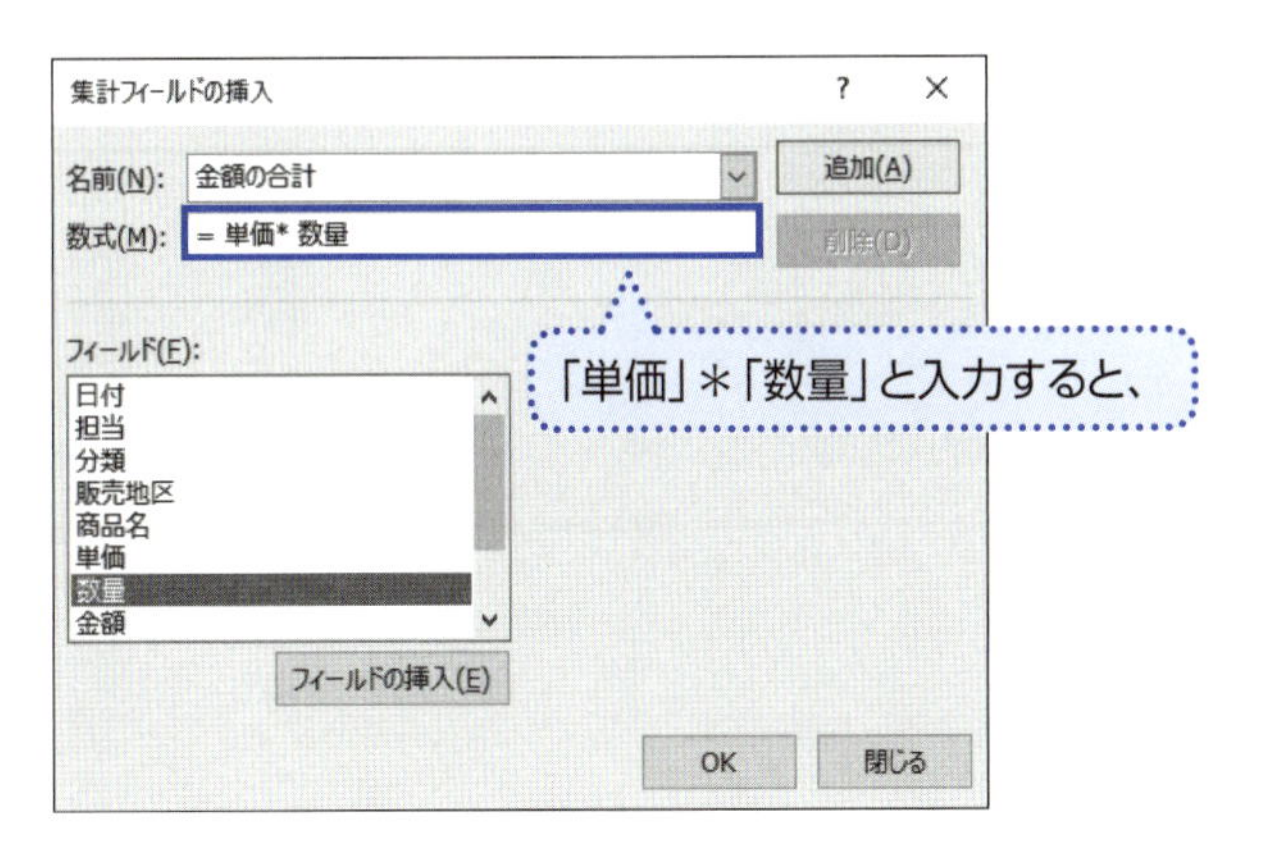

	A	B	C	D	E	F
1						
2						
3	行ラベル	合計 / 数量	合計 / 金額の合計			
4	カフェオレ	22,968	88,197,120			
5	カフェオレ無糖	10,412	17,492,160			
6	すっきり烏龍	21,446	167,493,260			
7	ビタミン天然水	54,712	426,753,600			
8	まろやか紅茶	37,493	364,431,960			
9	午後のミルクティー	22,614	87,063,900			
10	大人の珈琲	14,461	38,177,040			
11	特選ウーロン茶	8,079	44,111,340			
12	美味しいミネラル水	42,416	233,288,000			
13	無糖ブレンド	43,048	363,755,600			
14	**総計**	**277,649**	**15,756,580,750**			
15						

膨大な数字になってしまう

「列全体を合計」してから計算式が実行される

なぜ、集計フィールドで求めた数字が、本来得られるはずの計算結果にならないのか。その答えは、**集計フィールドでは、計算の順序が常とは異なる**ためだ。

では、左ページを見ながら、その謎を紐解いてゆこう。ここでは、79ページのピボットテーブルの1つ目の商品である「カフェオレ」の売上金額を合計する例で考える。

上の表は、通常のエクセルシートで金額の合計を求める場合の計算順序だ。「金額」列には、あらかじめ「単価のセル」×「数量のセル」となる計算式が入力されている。各行の掛け算の結果求めた個別の金額を上から下まで合計すればよい。つまり、各行の「単価のセル」×「数量のセル」という掛け算の式が先に計算される。

ところが、集計フィールドの場合はそうではない。集計フィールドに「単価＊数量」という式を設定した場合、最初に単価の列、数量の列に入力された数字がそれぞれ合計される。次に、その合計結果どうしを掛け算するのだ。要するに、「『単価』の列の合計」×「『数量』の列の合計」という計算が行われている。集計フィールドで求められた計算結果が天文学的な数字になってしまう原因はここにある。

このため、28ページで説明したように**個々の「金額」を元の表で求めておく**のだ。

正しい計算の順序

・正しい計算の順序

❶ 単価×数量を個別に計算

❷ 個別の金額を合計

日付	担当	販売地区	単価	数量	金額
2014/2/22	佐藤	A地区	120	624	74,880
2014/4/12	赤城	B地区	120	789	94,680
2014/5/6	赤城	B地区	120	497	59,640
2014/6/18	田中			62	74,880
2014/8/10	森本	C地区	120	638	76,560
2014/8/25	赤城	B地区	120	519	62,280
:	:	:	:	:	:

2,756,160

・集計フィールドの計算の順序

❶ 「単価」「数量」それぞれの列を合計

日付	担当	販売地区	単価	数量	金額
2014/2/22	佐藤	A地区	120	624	74,880
2014/4/12	赤城	B地区	120	789	94,680
2014/5/6	赤城	B地区	120	497	59,640
2014/6/18	田中	A地区	120	624	74,880
2014/8/10	森本	C地区	120	638	76,560
2014/8/25	赤城	B地区	120	519	62,280
:	:	:	:	:	:
			3,840	22,968	88,197,120

単価の合計

数量の合計

❷ 「単価の合計」×「数量の合計」を計算

COLUMN

ピボットテーブルを二次利用するには

ピボットテーブルを「コピー」したあと、普通に「貼り付け」を行うと、元の表へのリンクが一緒に設定されてしまう。これでは、ファイルを移動したり、名前を変更したりしたときにリンク切れを起こし、トラブルの元になる。

そこで「値貼り付け」を使おう。通常の「貼り付け」のかわりに「値貼り付け」を実行すると、集計結果が普通の文字や数値のデータに変換されるため、元の表へのリンクは設定されなくなる。

●「元の表」とリンクさせずにピボットテーブルを作る

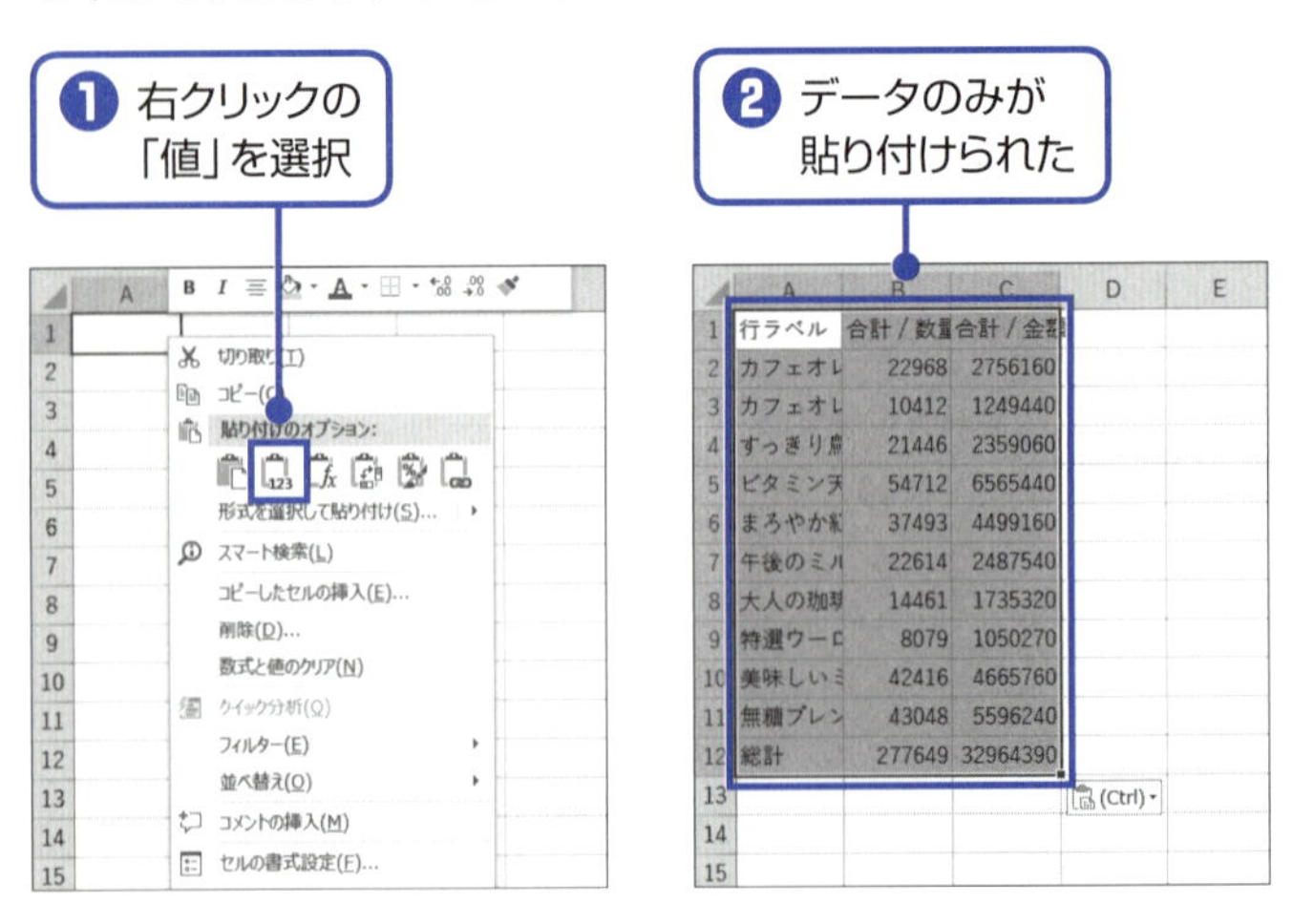

3章

クロス集計してみよう！
実践ピボットテーブル

SECTION 14

集計の元となるフィールドを設定する

第3章は実践編だ。47ページまでの操作を終了したピボットテーブルに肉付けしていこう。

集計の柱となる「最上位フィールド」をまず設定

ピボットテーブルで最初に設定するのは、何を基準に集計するのかだ。つまり集計のもっとも大きな柱となる属性＝「最上位フィールド」を設定する。「商品名」を基準に集計するなら「商品名」が、「顧客名」ごとに集計するなら「顧客名」が、それぞれ集計のキーになる。今から私たちが作成したいピボットテーブルは、「分類」を基準に集計するので、「分類」フィールドが「最上位フィールド」になる。

ピボットテーブルでは、集計のキーとなる属性は「行」のエリアに指定する決まりだ。したがって、設計の操作を行う「ピボットテーブルのフィールド」作業ウィンドウでは、エリアセクションの「行」ボックスへ「分類」フィールドをドラッグ＆ドロップすればよい。これで、「行」のエリアに商品の分類が一覧表示されるはずだ。

「行」ボックスへドラッグ&ドロップ

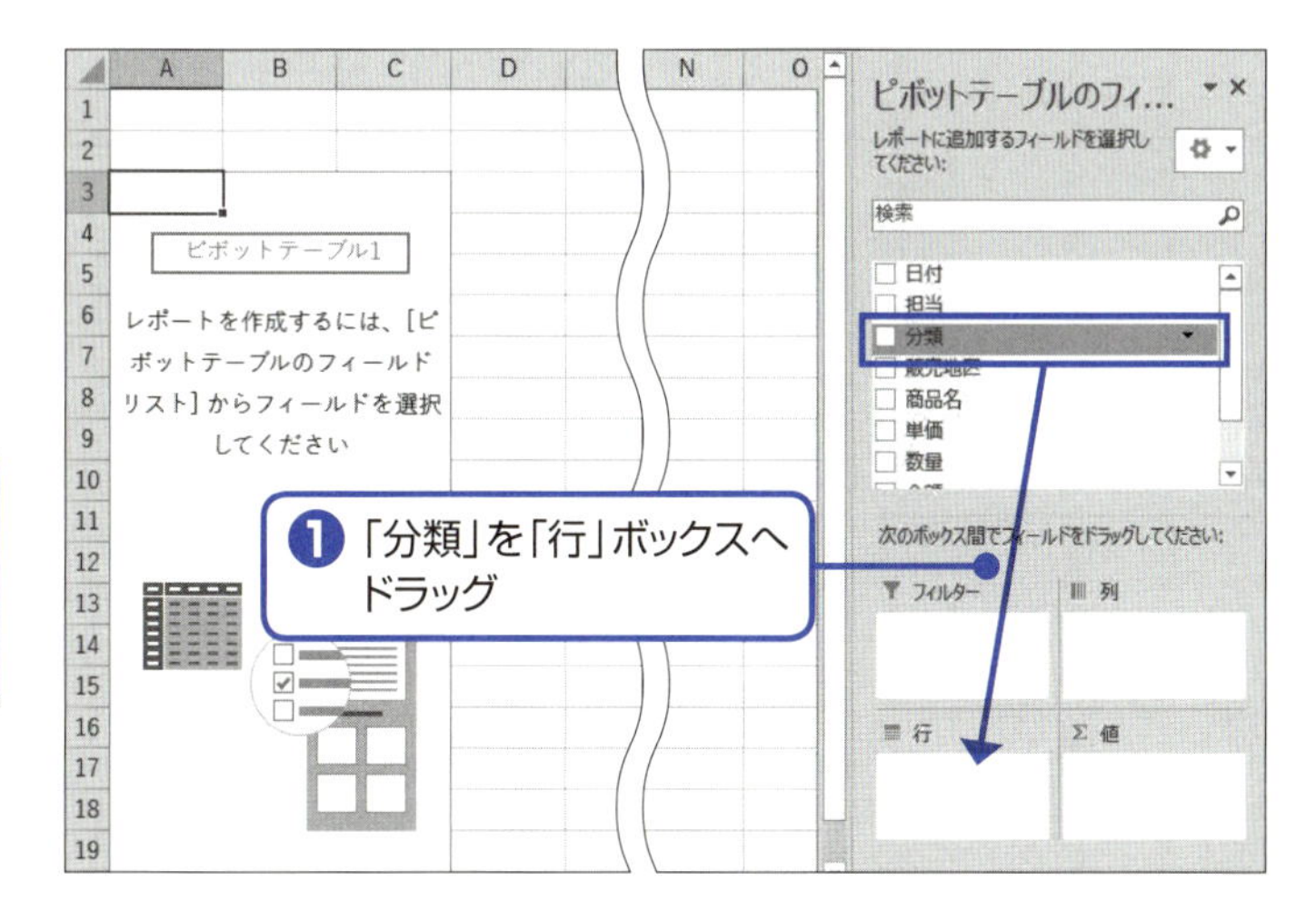

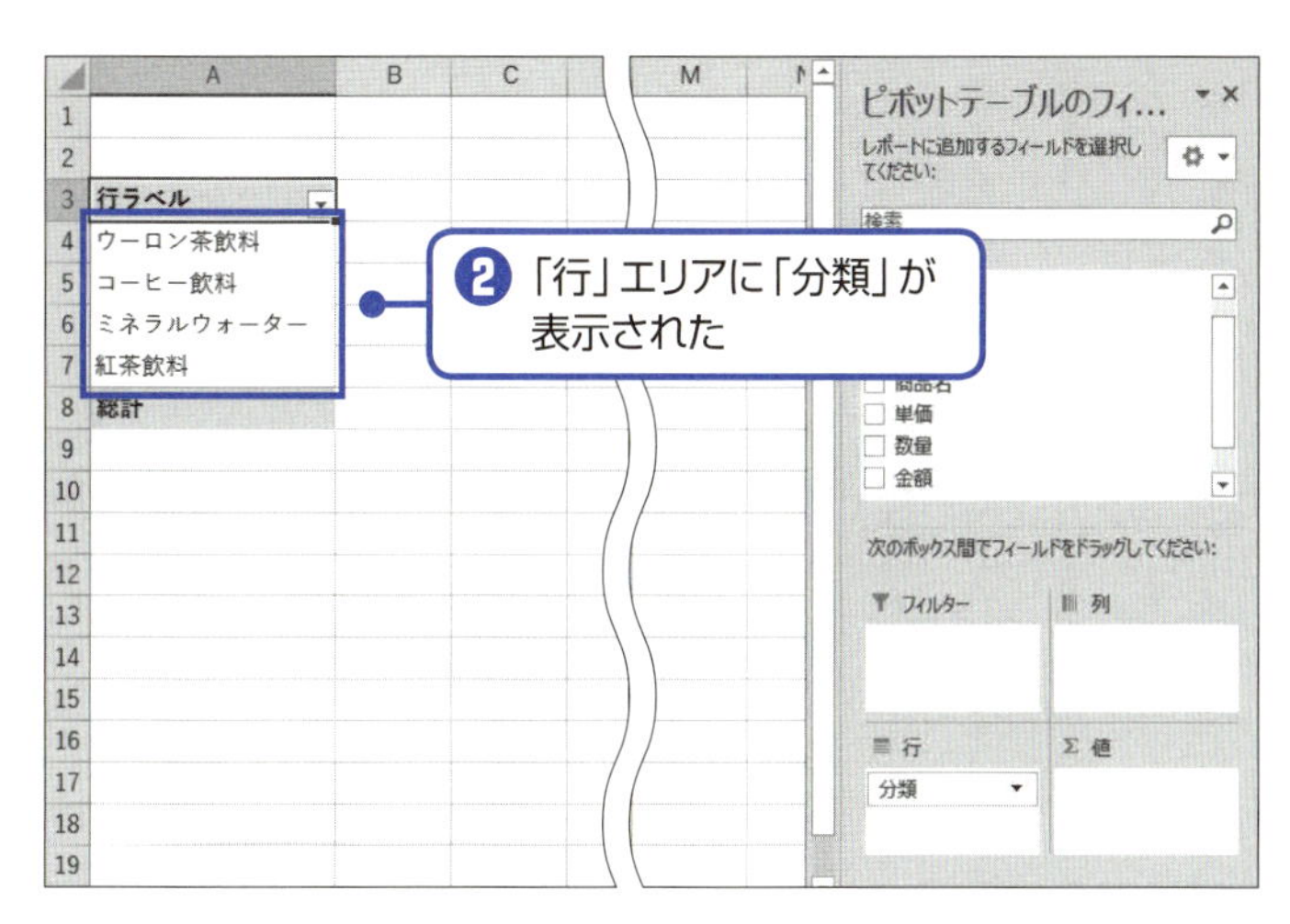

最上位フィールドの何を知りたいかを掘り下げる

ピボットテーブルの「行」のエリアに「分類」フィールドが追加された。この状態で集計部分を設定すれば、「コーヒー飲料」、「紅茶飲料」、「ウーロン茶飲料」…といった商品分類の違いによって清涼飲料水の売れ行きにどの程度差が出るのかがわかるだろう。ここで、分析の内容をもう少し深めていこう。

単に「分類」の違いによる差を見るだけではなく、それに加えて、販売する地区によっても、どの程度売れ行きに差が出るのかを一緒に調べたい。このような場合、「分類」フィールドの下位に「販売地区」フィールドを追加する。このとき、集計の柱となるのはあくまでも最上位である「分類」フィールドだ。「販売地区」はそれに付随して調べたい情報に過ぎない。この優先順位を間違えないようにしよう。

ピボットテーブル上で実現するには、フィールドセクションにある「販売地区」フィールドを、エリアセクションの「行」ボックスにドラッグ&ドロップする。このとき、「行」ボックス内には、すでに最上位フィールドである「分類」が表示されているので、「分類」のフィールド名の下まで確実にドラッグしよう。これで、「A地区」、「B地区」…といった地区名が、各分類名の下にぶら下がって表示される。

「分類」の下位にフィールドを追加

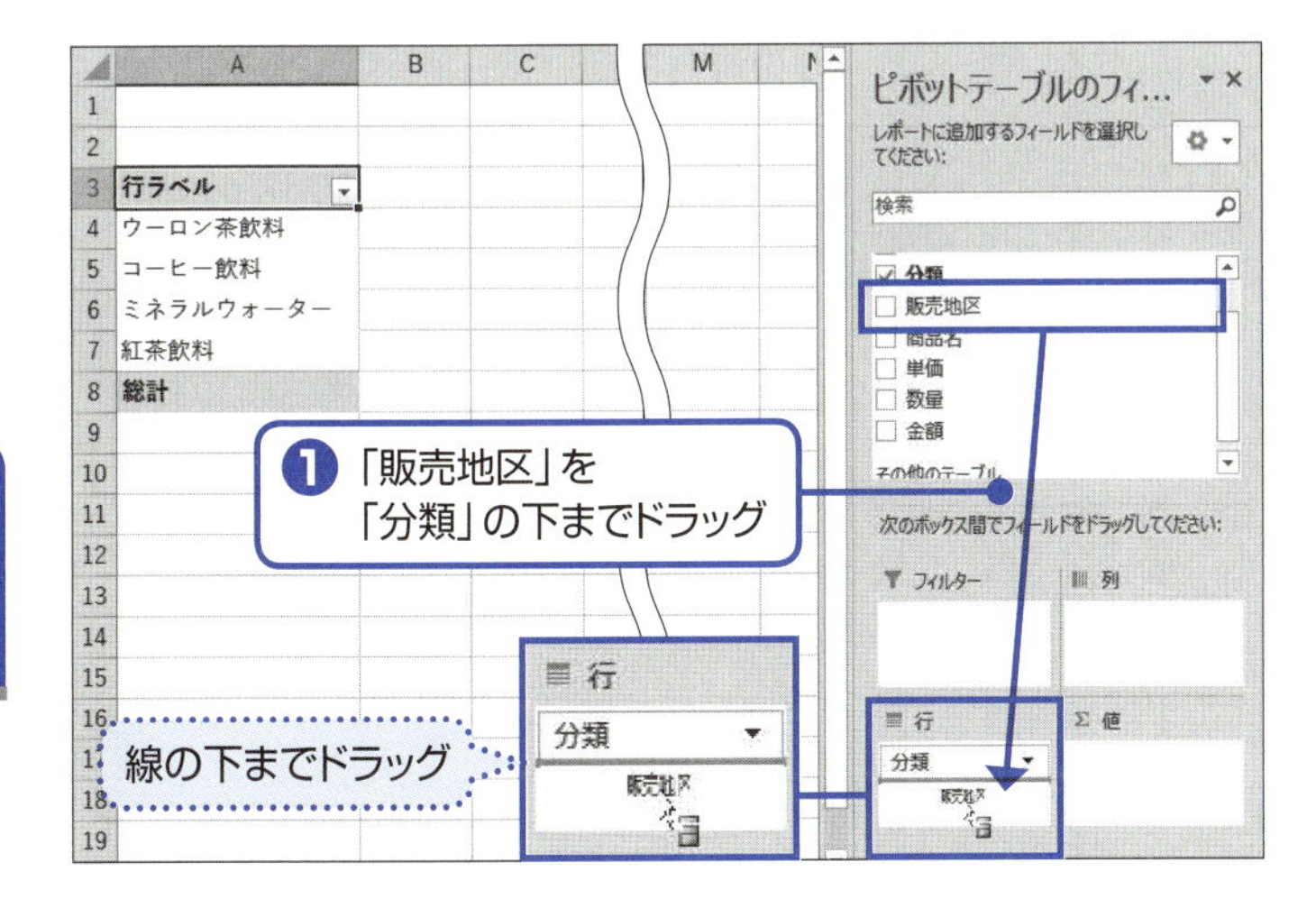

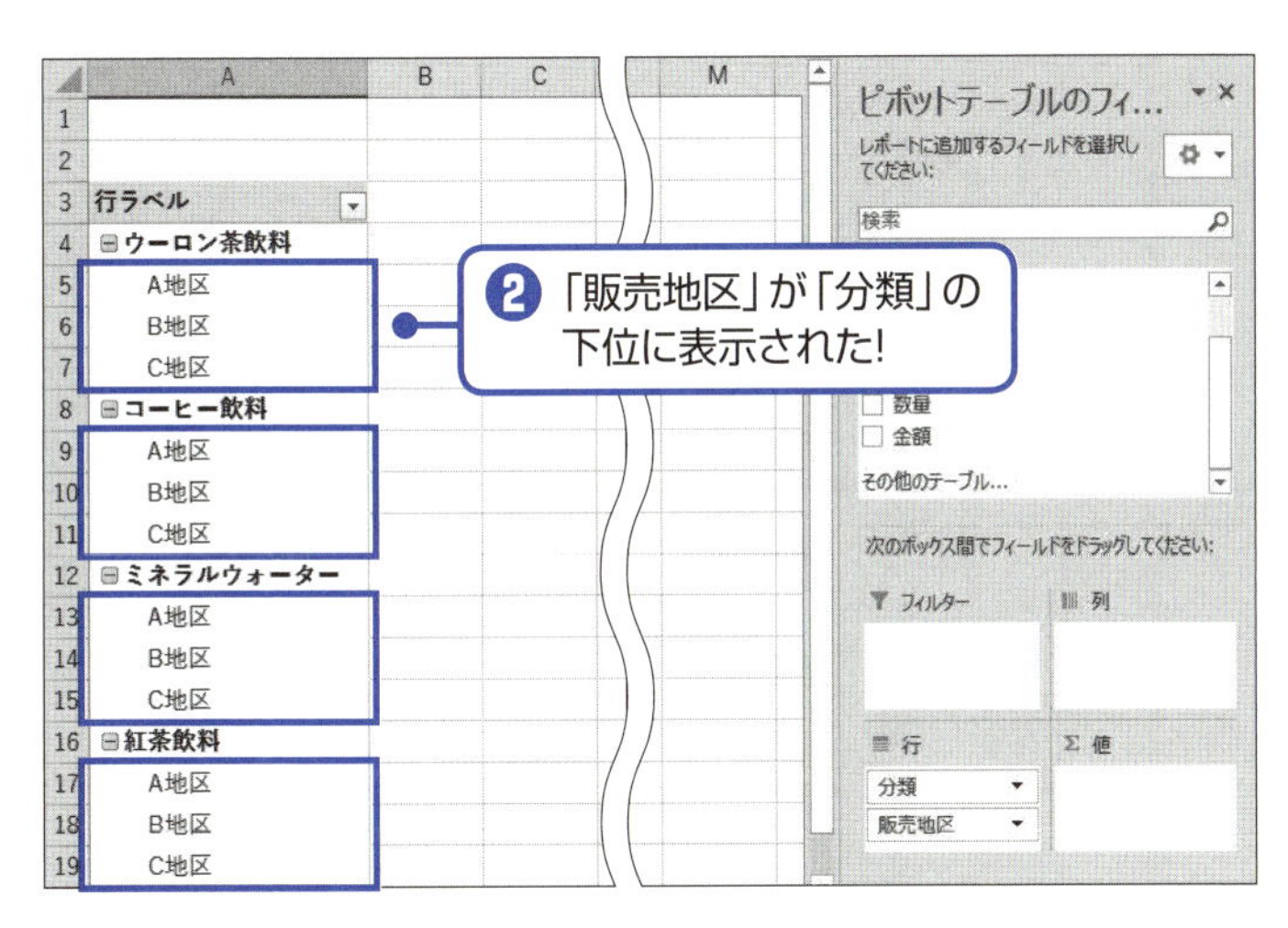

SECTION 15

行フィールドの階層レベルを設定する

階層レベルの上下を見分けるには

現在、ピボットテーブルには、「分類」、「販売地区」という2つのフィールドが分析に使うキー項目（属性）として設定されている。このように「行」のエリアに複数の属性が追加されると、フィールド間には上位と下位のレベルが生まれる。ピボットテーブルを操作する際、上位と下位をどのように見分ければよいのだろうか。

ピボットテーブルのシートでは、左端からの位置がレベルを示す。「行」のエリアに複数の項目が並んだときに、**先頭の位置が左に突き出ているものほどレベルが高く、反対に右へ下がっているものほどレベルは低くなる。**

一方、ピボットテーブルの設定を行うエリアセクションでは、フィールド名の上下の並びでフィールド間のレベルを判断できる。**フィールド名が一番上に置かれたものが最上位フィールドで、フィールド名が下にくるほど階層のレベルも下がる。**

下の例では、「分類」が最上位フィールドで「販売地区」がその下位フィールドの関係だとわかる。エリアセクションにフィールド名をドラッグするときには、上下の位置を間違えないようにしよう。

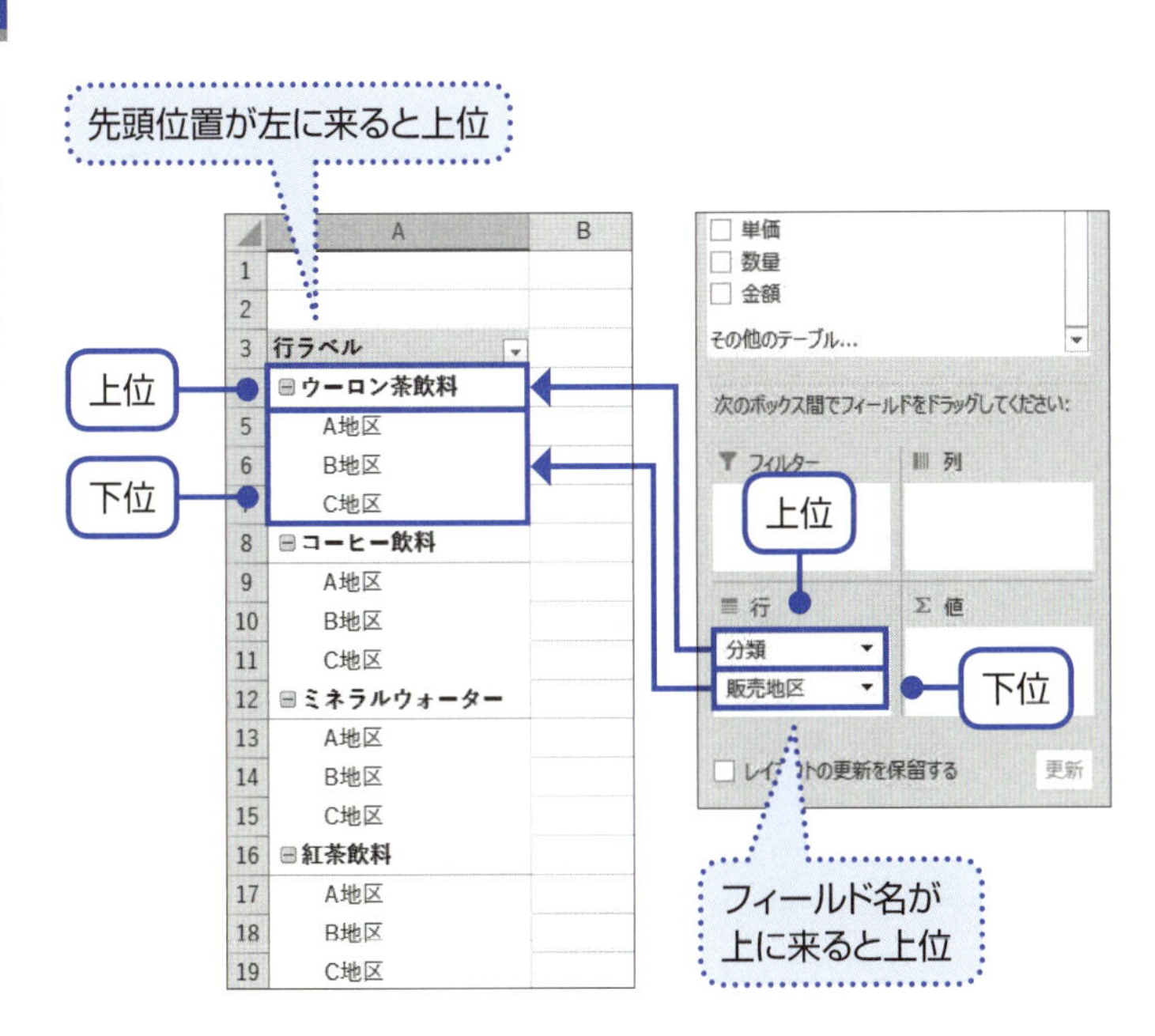

フィールドの「上位」と「下位」は変更できる

階層のレベルは、あとから変更できる。ドラッグする位置を間違えてフィールドを追加してしまっても、フィールドを削除して追加し直す必要はない。

エリアセクションの各ボックスでは、フィールド名のボタンの上下の並びがそのまま階層のレベルの上下を表している。そして、このフィールド名の部分をドラッグすると、ボタンの上下をかんたんに入れ替えることができるのだ。エリアセクションでフィールド名の上下が変わると、ピボットテーブルでは階層のレベルが連動して入れ替わるしくみだ。

ここでは、下位に表示された「販売地区」と上位の「分類」を入れ替えてみる。操作は、「販売地区」のフィールド名を「分類」よりも上までドラッグ&ドロップするだけだ。このとき、「行」ボックス内には、移動先を示す横線が表示される。これが「分類」の上にくるのを確認してから、ドロップしよう。

これでピボットテーブルはガラリと変わるはずだ。「ウーロン茶飲料」や「コーヒー飲料」といった分類名の下に「販売地区」が表示されていたのが、階層の優先順位が変わって「販売地区」が最上位フィールドになるため、「A地区」、「B地区」…の下に「分類」が並ぶ形に変更される。

ドラッグして上位・下位を入れ替える

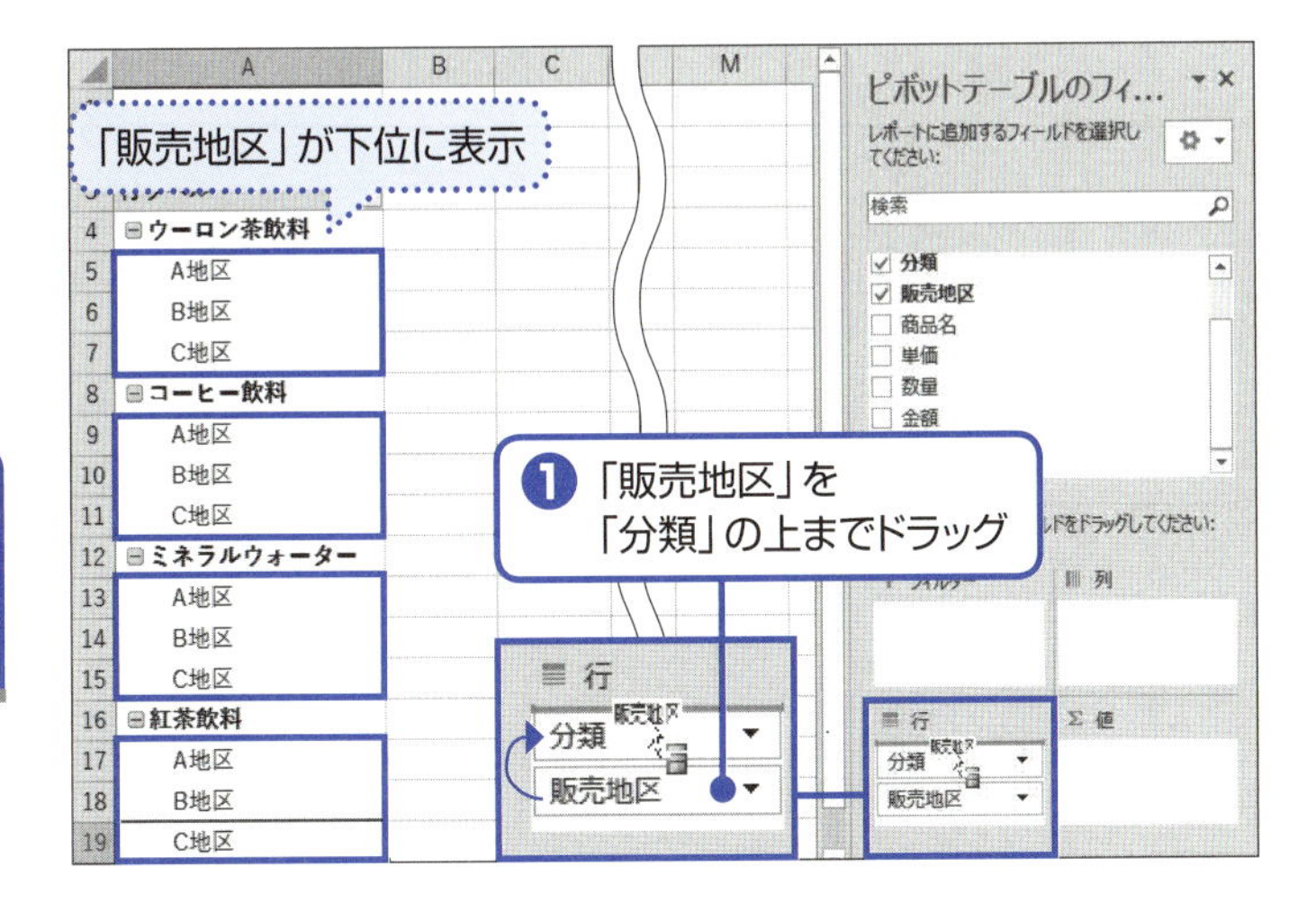

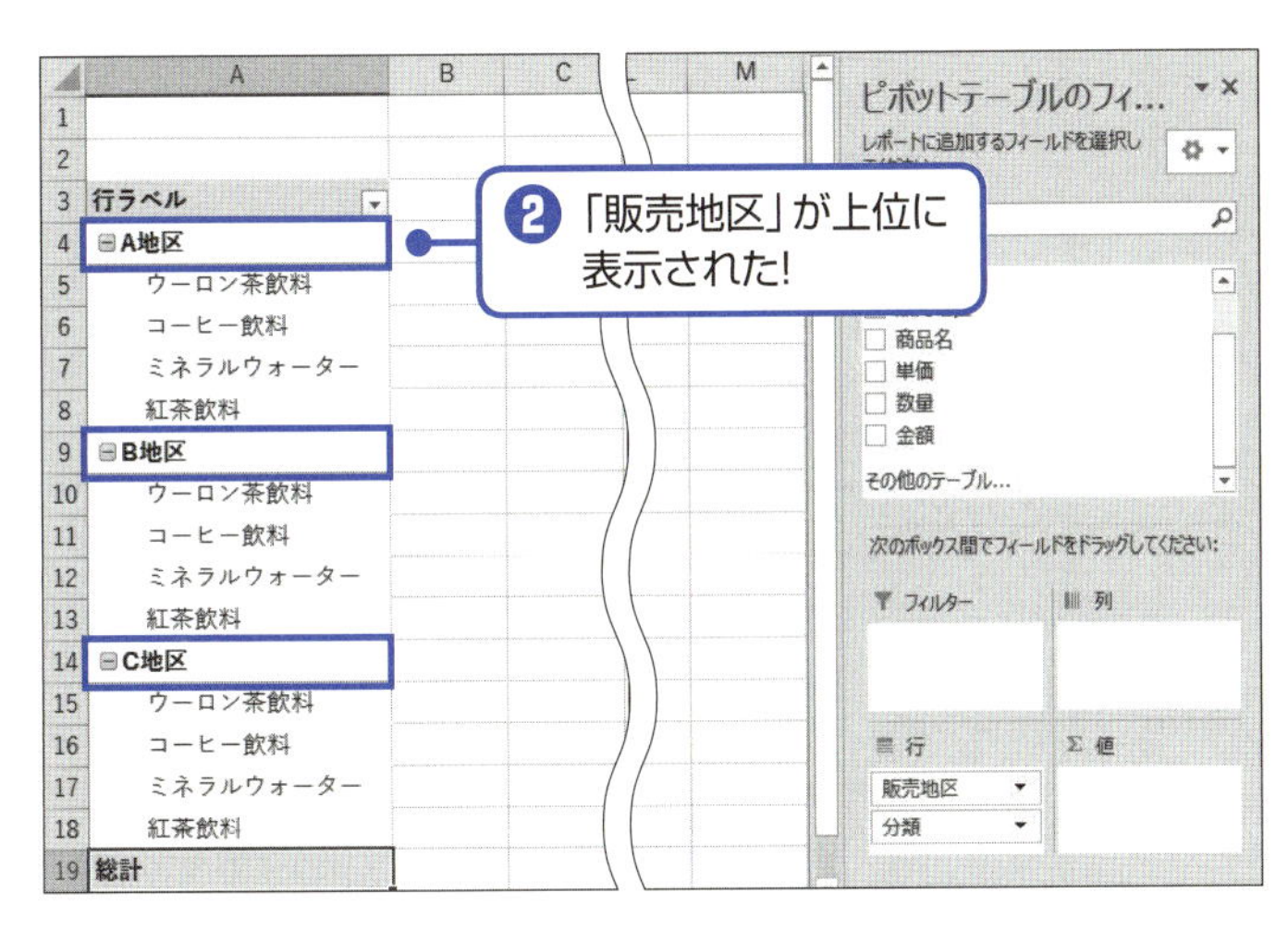

下位の階層は折りたたむこともできる

「行」のエリアに複数のフィールドを配置した場合、下位のフィールドは見えないほうがすっきりしてよい場合がある。たとえば、左ページのピボットテーブルでは、先頭行に「ウーロン茶飲料」という分類がある。「ウーロン茶飲料」の売上については、地区別の集計結果は常に表示しておく必要がないといった場合だ。こんなときは「ウーロン茶飲料」の下位フィールドを一時的に隠してしまおう。

この操作は非常に使いやすくできている。ピボットテーブルでは、下に階層を持つ上位フィールドの項目には、先頭に「－」のボタンが表示される。これが下の階層の表示を切り替えるボタンだ。ここをクリックすると、下位の階層が非表示になり、ボタンのデザインは「＋」に変わる。同じボタンをもう一度クリックすると、今度は折りたたまれて隠れていた下位の階層が再び元のように展開表示される。このとき、ボタンのデザインは最初の「－」に戻る。

下位の階層をすべて折りたたむと、集計表の内容は「最上位フィールド」の集計結果のみになる。売上の傾向などで、全体像をすばやく把握したいときには、細かい部分を省いてしまったほうが理解が早い。かといって、せっかく追加した下位のフィールドを削除してしまうと、必要になった時に、またフィールドセクションから追加しなければならなくなる。邪魔になる下位フィールドを一時的に隠したい、そういうときに使う手立てとして、このボタンの使い方を知っておこう。

下位の階層の表示を切り替える

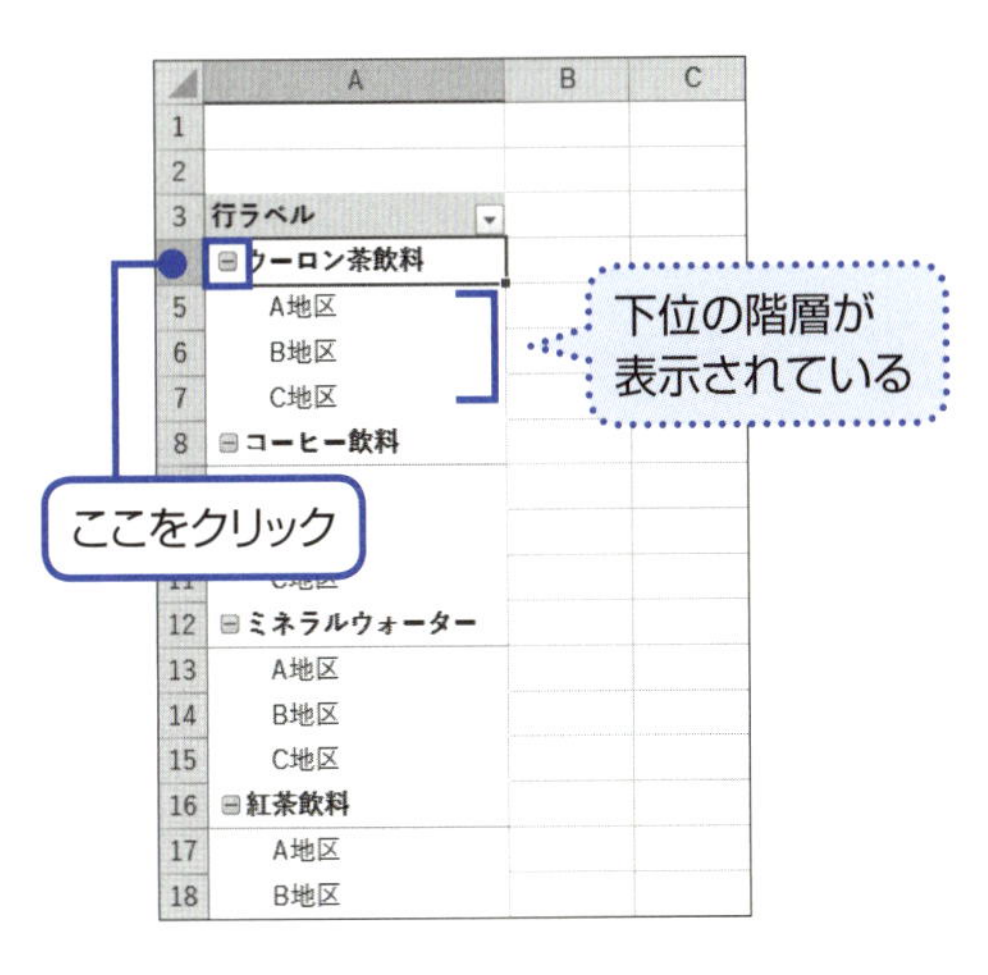

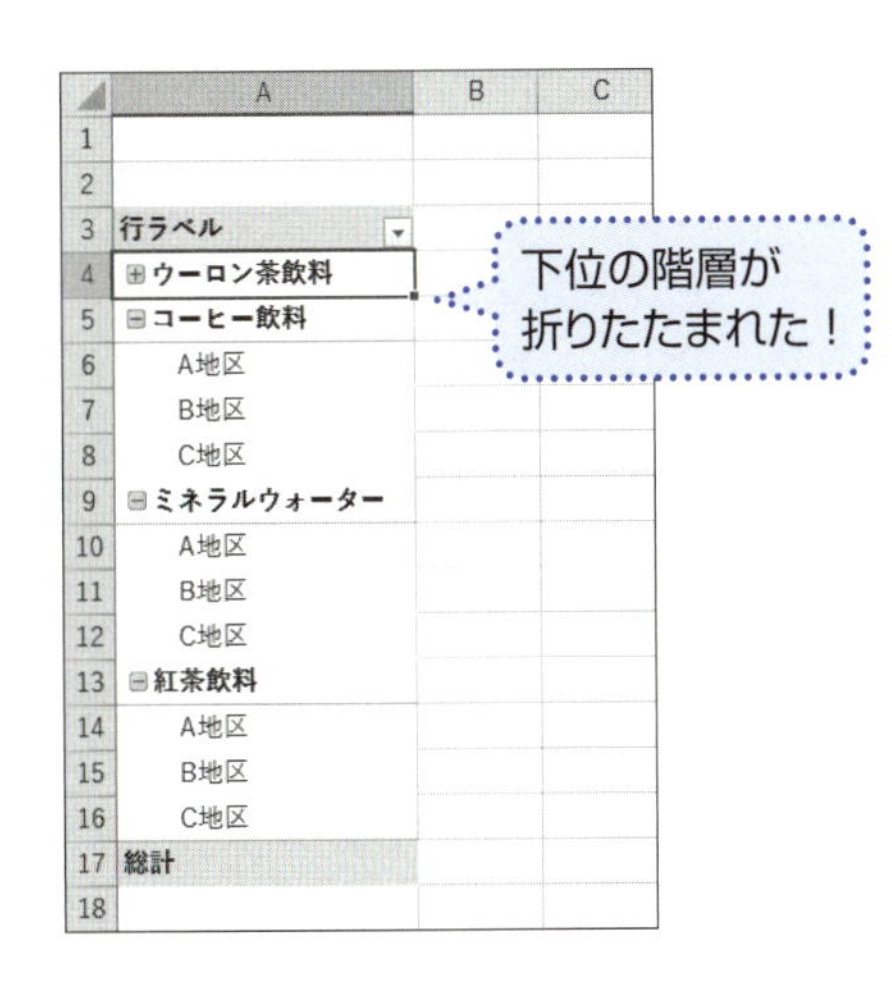

SECTION 16

日付での集計は非常に重要にも関わらずとてもかんたん！

属性に日付フィールドを追加

「売上日」や「注文日」など、日付データのフィールドをピボットテーブルに追加すると、「グループ化」という機能が働く。

「グループ化」とは、文字通り一定の範囲ごとにグループを作り、そのグループ単位で元データを集計することをいう。たとえば、元の表の「売上日」フィールドには、取引の日付が、「2014/4/1」「2016/8/12」のようにバラバラと入力されているだろう。個々の日付のままでは、細かすぎて傾向をつかむことは難しい。

そこで「グループ化」が役立つ。複数年分たまった売上データの「売上日」や「注文日」のフィールドを、ドラッグ&ドロップで「行」ボックスに追加すると、特に何もしなくても「年」、「四半期」、「月」の3つの代表的な時間単位のボタンが追加される。同時に、ピボットテーブル側では、「行」エリアの指定した階層に日付のフィールドが追加される。

「販売地区」の下位に日付を追加したい

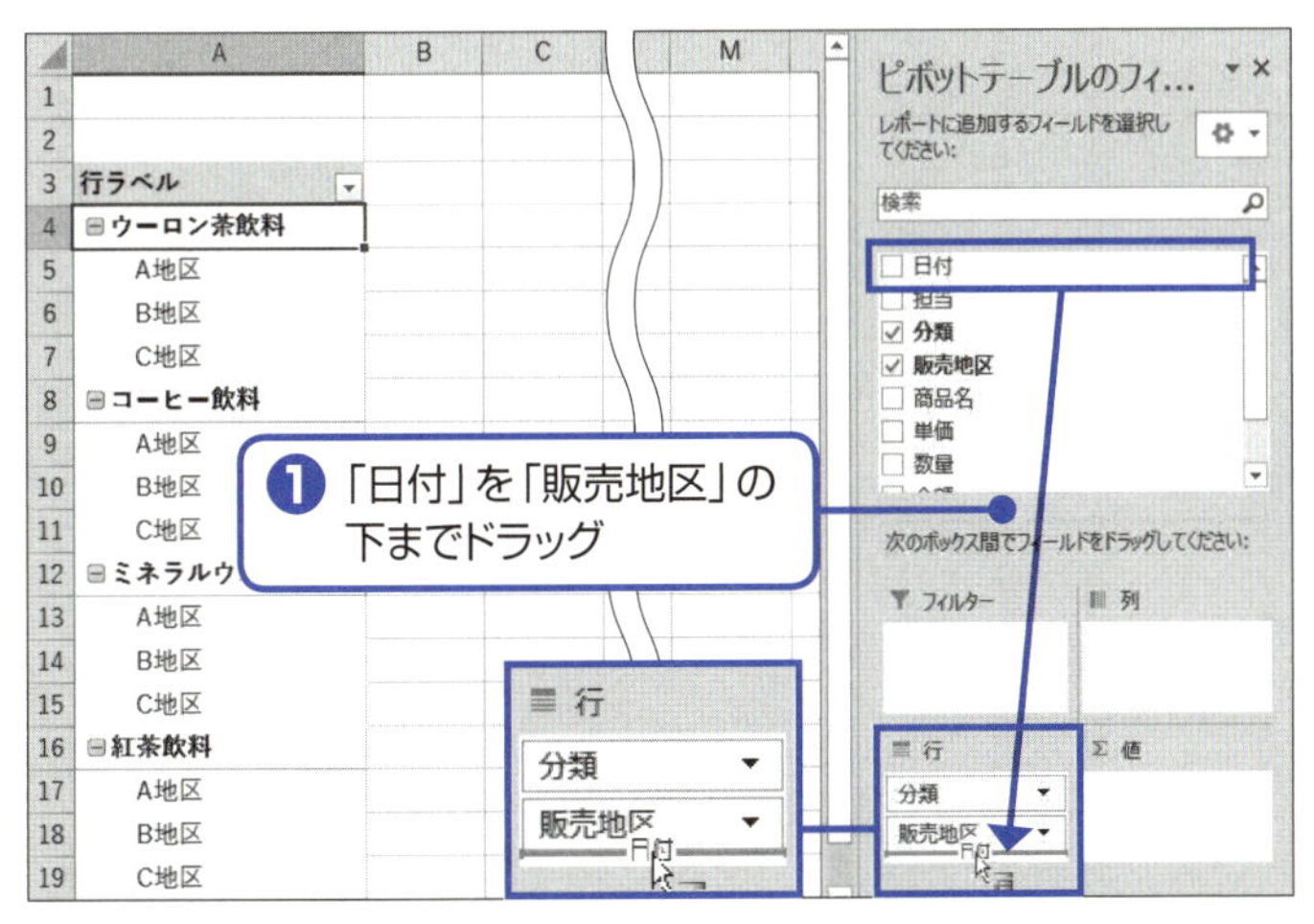

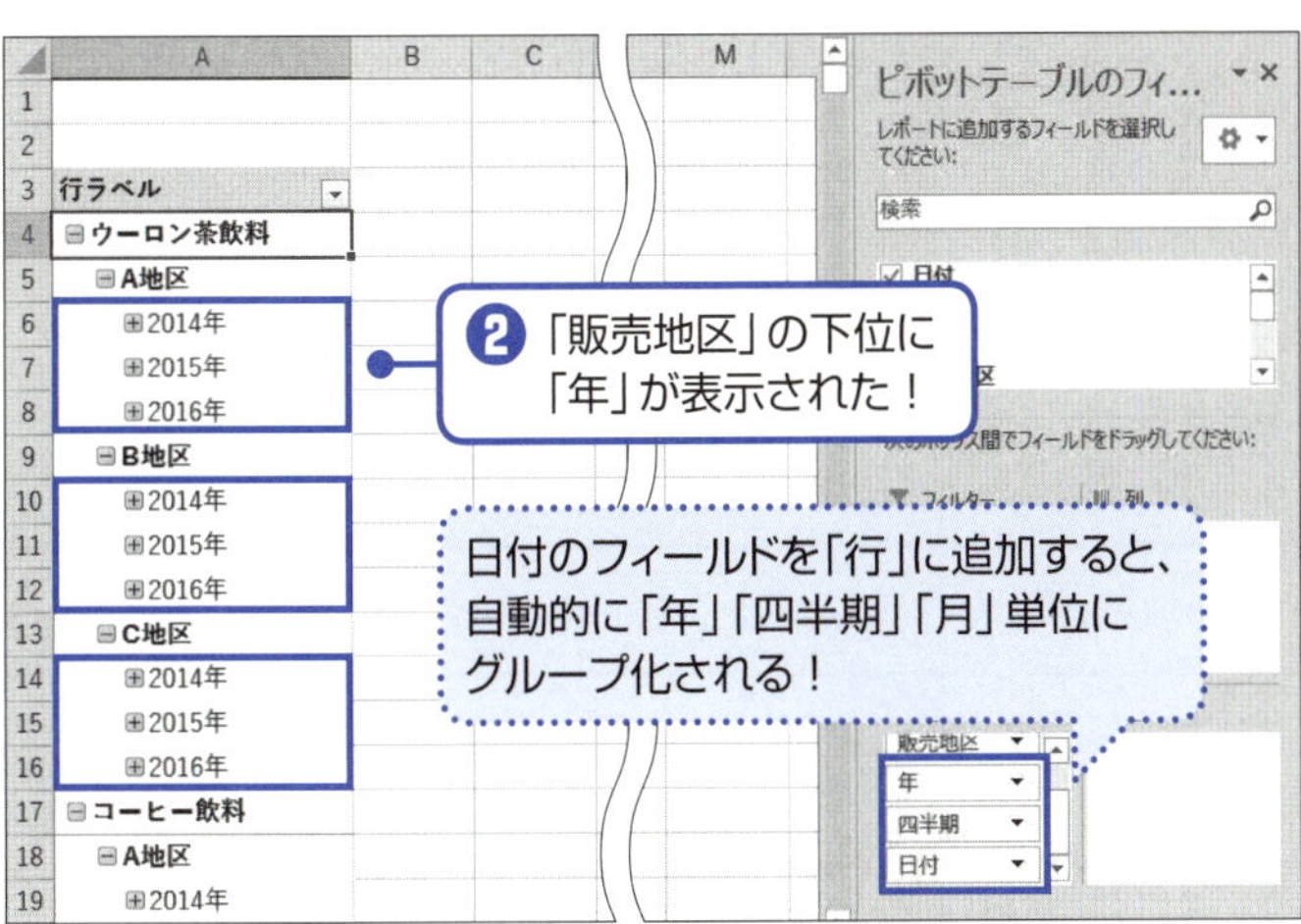

※エクセル2013/2010での日付の「グループ化」の方法は131ページ参照

日付は下位の属性にすると扱いやすい

「グループ化」に関連して、日付のフィールドをピボットテーブルで利用する際、注意したいポイントが1つある。

それは、日付とほかのフィールド、どちらを上位ないし下位に置くかということだ。「年ごとに『数量』や『金額』を合計する」など、日付は集計のキーとなる属性として使われるので、追加先は「行」のエリアになる。また、「日付」は「分類」や「販売地区」といったほかの属性のフィールドと一緒に使われる。このとき複数のフィールドを「行」のエリアに指定すると、上位と下位の関係が生まれる。

では、日付のフィールドはどの階層に指定するのだろうか。結論としては、「最下位」のフィールドが望ましい。左ページでは、あえて反対の最上位フィールドに日付データを追加してみた。すると、行のエリアには「年」だけが表示された状態になり、「分類」や「販売地区」が姿を消してしまい、使い勝手が悪くなった。

最初から日付を「分類」「販売地区」よりも下の階層に追加しておけば、グループ化は日付の部分だけで行われるので、上位フィールドには及ばなくなる。このため、**日付データは最下位フィールドに配置する**べきだ。

日付を「最上位」に追加してみると…

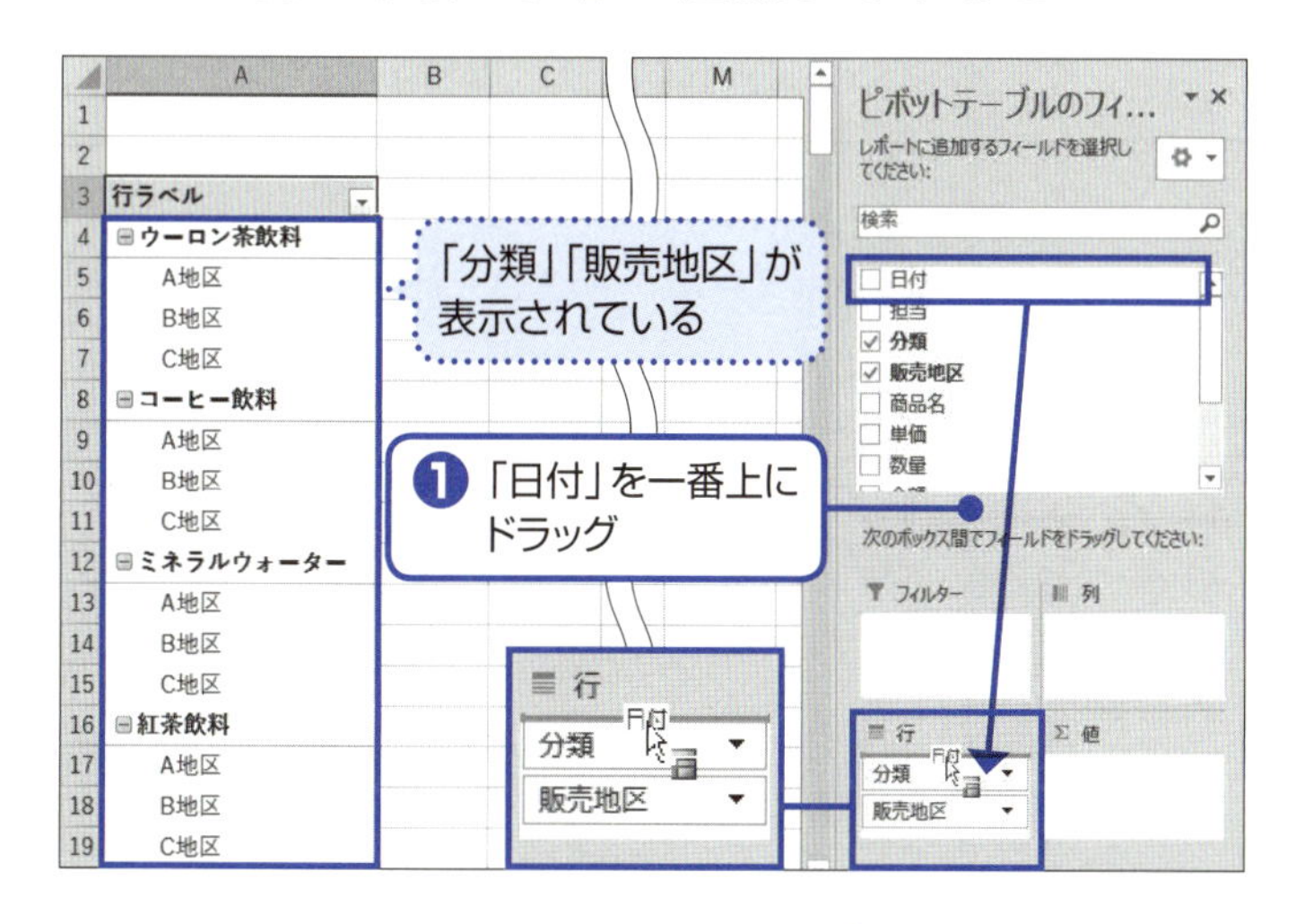

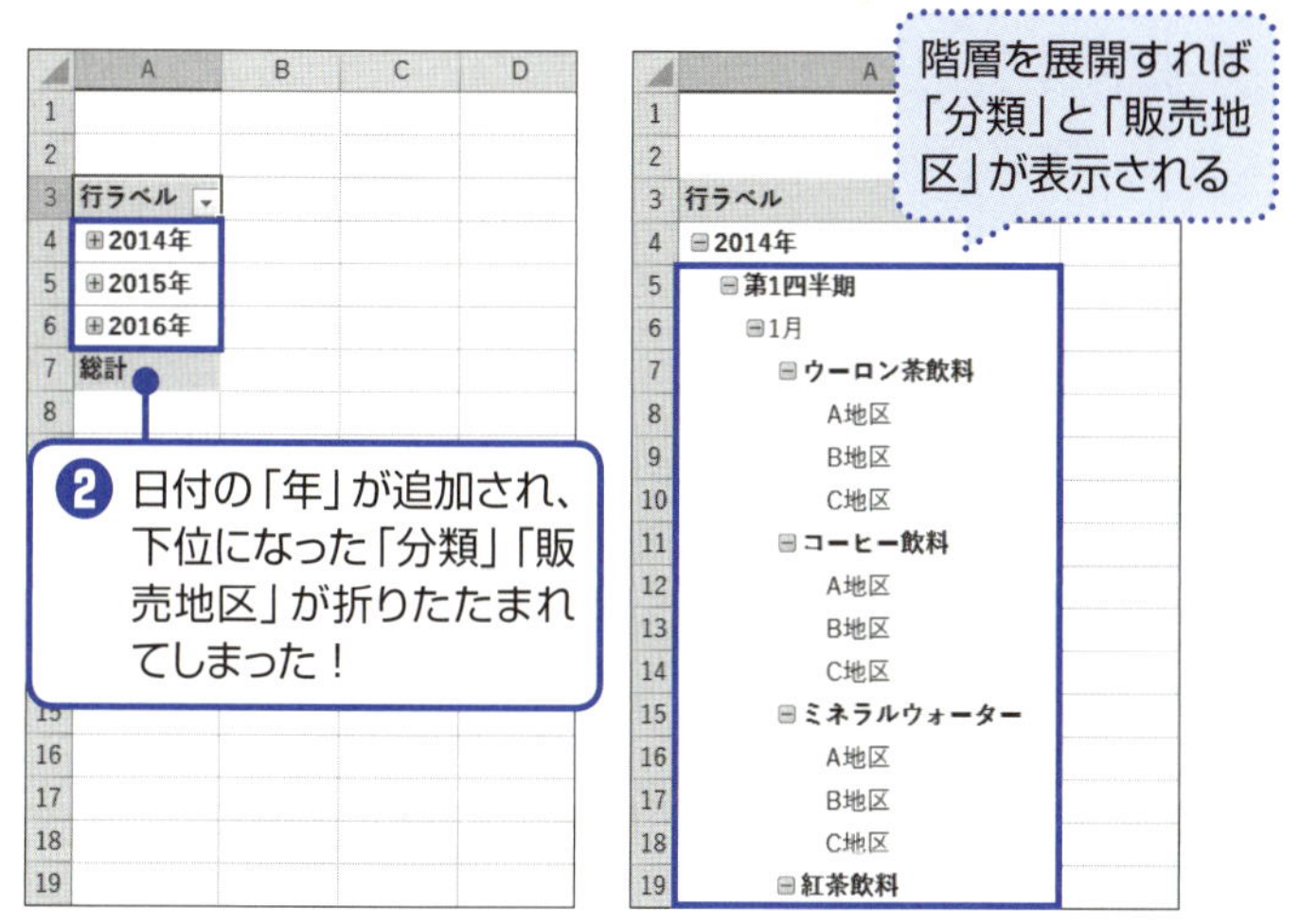

第3章 クロス集計してみよう！実践ピボットテーブル

SECTION 17

クロス集計の結果を表示させる

「列」に設定するフィールドとは

ここまでの操作を通して、行のエリアには、すでに集計の基準となる3つのフィールドを「分類」、「販売地区」、「年でグループ化した日付」の順に設定済みだ。今度は「列」のエリアを設定する。

これから作りたいのは、下の例のような集計表だ。B列には「数量」フィールドの合計を、C列には「金額」フィールドの合計をそれぞれ求めたい。

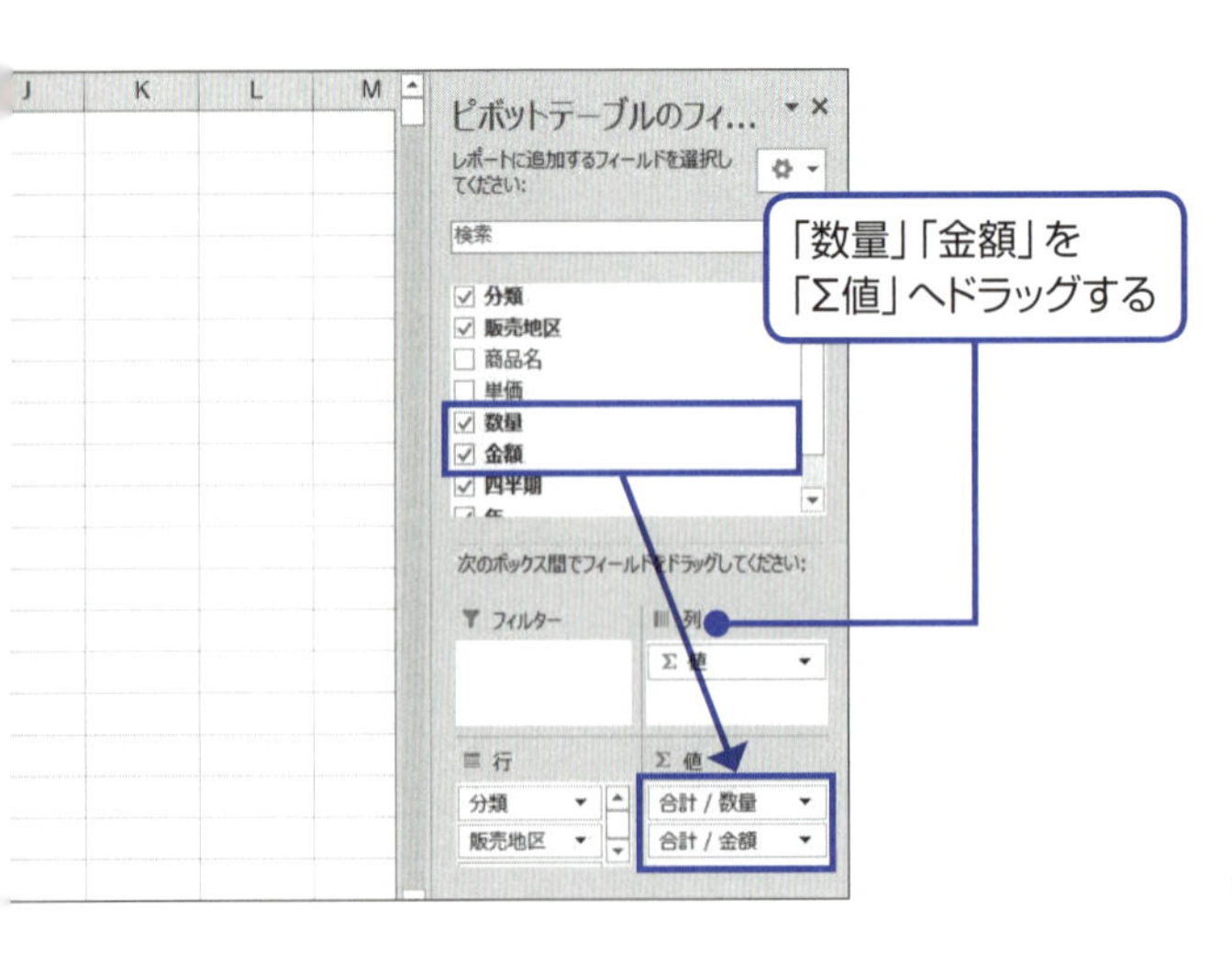

このとき、B3からC3セルの「列」のエリアには、「数量の合計」「金額の合計」であることがわかる見出しが必要だ。つまり、「列」のエリアに設定するのは、集計対象となる数値が入力されたフィールドになる。そして「列」のエリアを設定すれば、その下の「行」「列」の項目がクロスする部分のセルには、それぞれの集計値が自動的に表示されるしくみであることを思い出そう。

具体的には、「Σ値」ボックスに「数量」と「金額」の2つのフィールドを設定すればよい。

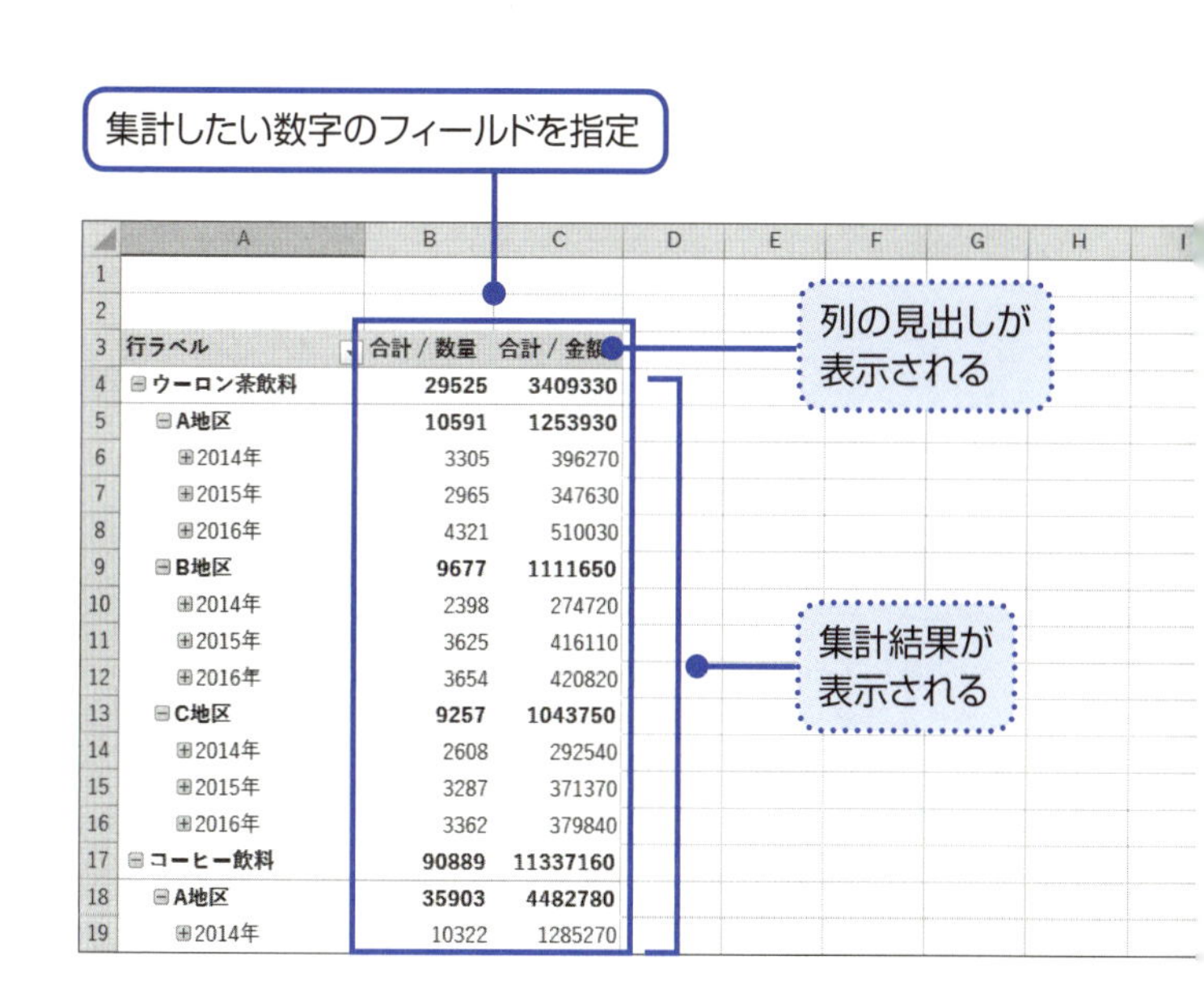

	A	B	C
1			
2			
3	行ラベル	合計 / 数量	合計 / 金額
4	⊟ウーロン茶飲料	**29525**	**3409330**
5	⊟A地区	**10591**	**1253930**
6	⊞2014年	3305	396270
7	⊞2015年	2965	347630
8	⊞2016年	4321	510030
9	⊟B地区	**9677**	**1111650**
10	⊞2014年	2398	274720
11	⊞2015年	3625	416110
12	⊞2016年	3654	420820
13	⊟C地区	**9257**	**1043750**
14	⊞2014年	2608	292540
15	⊞2015年	3287	371370
16	⊞2016年	3362	379840
17	⊟コーヒー飲料	**90889**	**11337160**
18	⊟A地区	**35903**	**4482780**
19	⊞2014年	10322	1285270

「列」のエリアは「Σ値」ボックスで設定

実際に操作しよう。まず、「数量」フィールドを、続けて「金額」フィールドを、それぞれフィールドセクションからエリアセクションの「Σ値」ボックスにドラッグ&ドロップする。

ドラッグ&ドロップしたフィールドの数値データを元に、自動的に合計の計算を行い、項目がクロスする位置のセルに集計結果が表示される。したがって、まず「数量」フィールドをドラッグした時点で、B列に「合計／数量」という見出しの付いた列が追加される。ここには、元の表の「数量」フィールドに入力された各商品の販売数が「分類」別、「販売地区」別、さらに販売された「年」別に合計される。フィールド名のボタンをドラッグするだけで、これらの集計の内訳が正しく求められる。

続けて、「金額」フィールドを「Σ値」ボックスまでドラッグ&ドロップすれば、「数量」フィールドと同じように、集計結果が瞬時にして表示される。

なお、「Σ値」ボックス内でのフィールドの並び順は、ピボットテーブルでの並び順に反映される。並びの順番を入れ替えたいときは、「Σ値」ボックス内で、フィールド名のボタンをドラッグして入れ替えればよい。

「Σ値」ボックスに数字のフィールドを指定

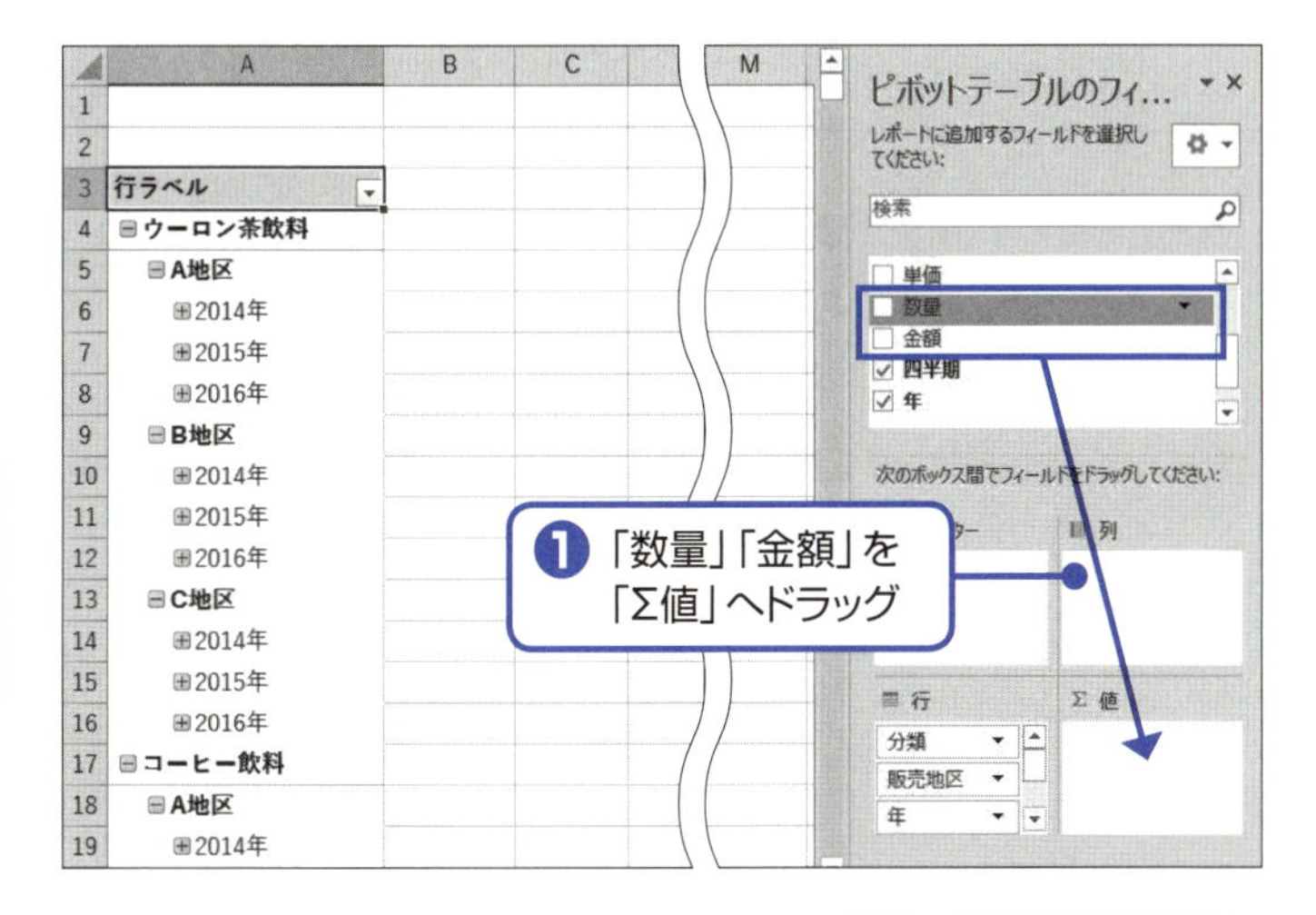

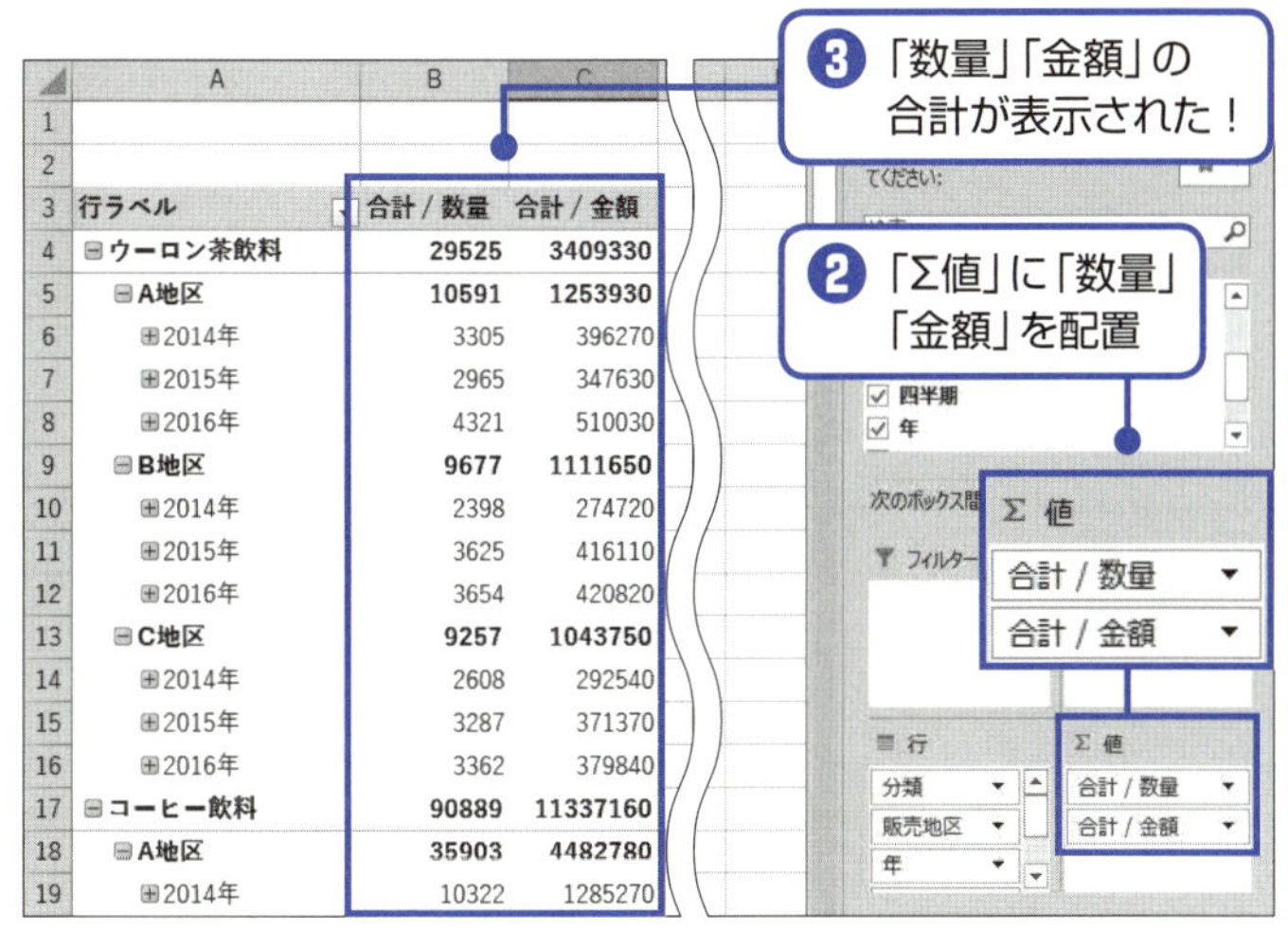

属性のフィールドを「Σ値」に指定するとどうなる?

では、「商品名」や「分類」など、文字データが入力されたフィールドを「Σ値」ボックスに指定するとどうなるだろうか。この場合は、合計ではなくそのフィールドの「個数」が求められる。具体的な例で見てみよう。「Σ値」ボックスに「商品名」を指定すると、クロス集計される結果のセルには、その商品名が入力されたセルの個数が表示される。元の表の「商品名」の列に「カフェオレ」と入力されたセルが32個ある場合、「32」と表示されるわけだ。

「個数」は、出現回数を知りたいときに使う集計方法で、73ページでも集計方法の1つとして紹介したものだ。「個数」を求めれば、その商品の販売や注文があった回数がわかるため、頻繁に注文が入る商品かどうかなどを知る指標になる。

次に「列」ボックスを使ってみよう。属性のフィールドは、「行」ボックスだけでなく「列」ボックスにも配置できる。配置すると「列ラベル」と表示されたセルの下に項目見出しが右方向に並ぶ。ただし、項目が右へ広がるため、集計表が横に間延びしてしまう。集計に使う属性は「行」のエリアに配置すれば事足りるので、レイアウト上、扱いの難しい「列」ボックスは、本書では使用しない。

属性を「Σ値」に配置すると「個数」が求められる

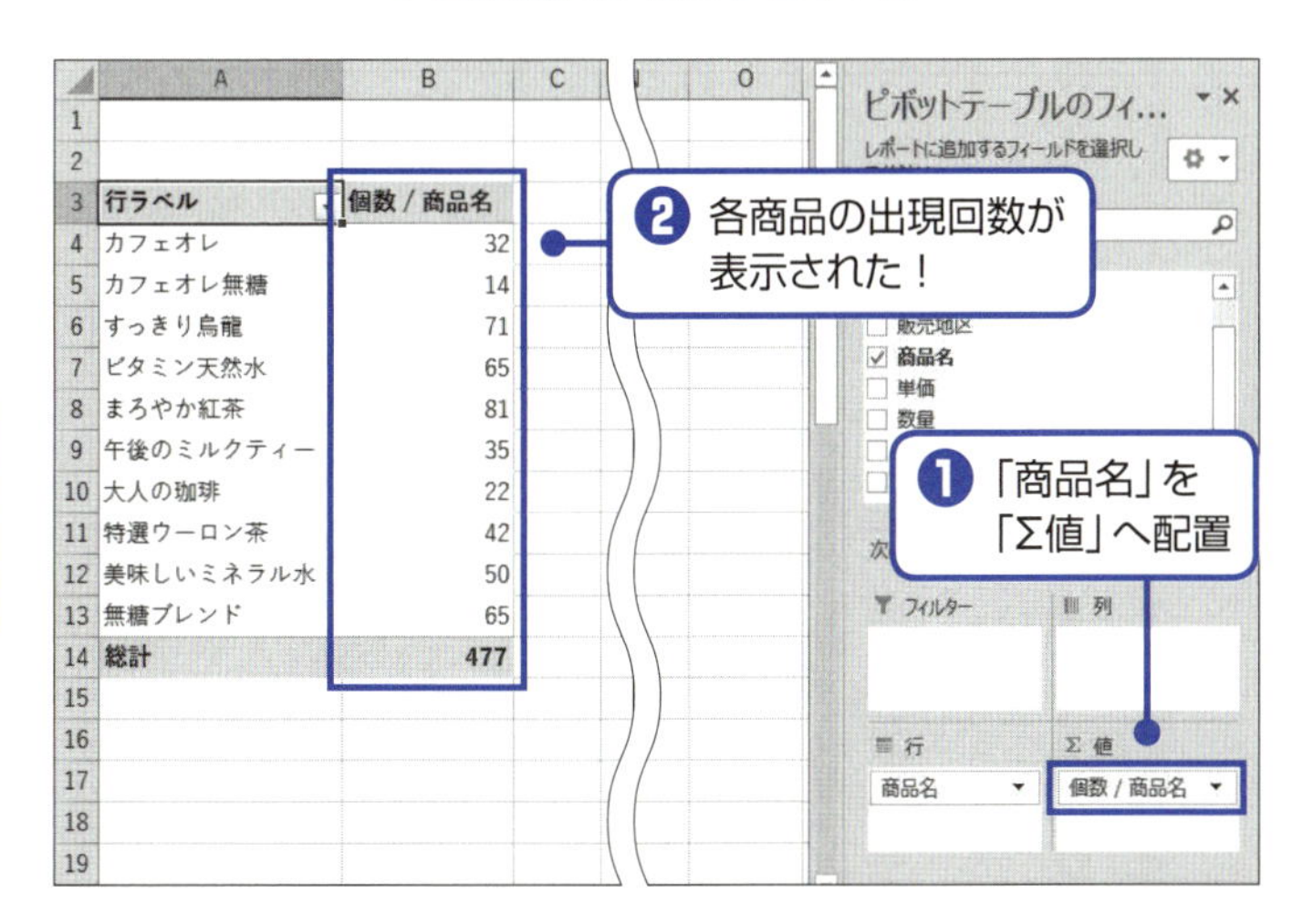

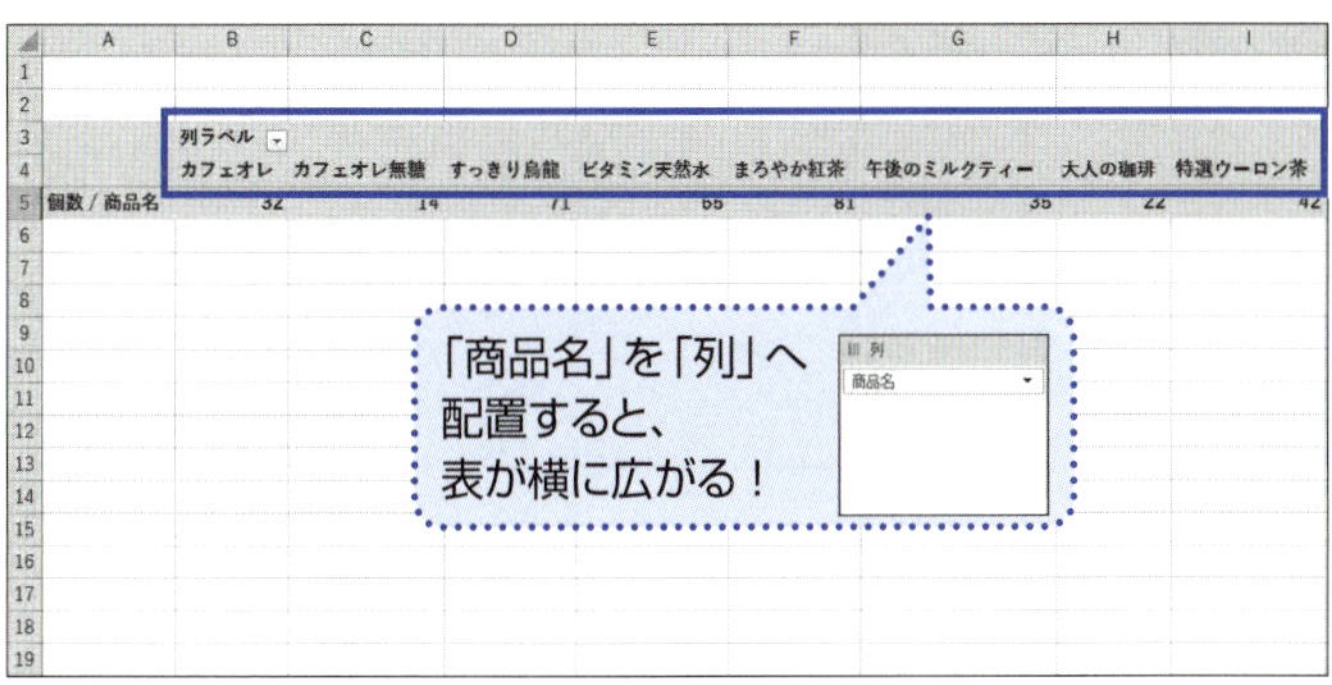

SECTION 18

自分で作った計算式で知りたい値を表示する

集計の種類は「合計」だけではない

「合計」、「平均」するといった集計だけでなく、自分で思い通りの計算式を組み立てることもできる。このときに利用するのが「集計フィールド」だ。**「集計フィールド」とは、オリジナルの計算式を入力し、ピボットテーブルにその計算結果を表示する機能**のこと。計算には元の表のフィールドを参照させることができる。

集計フィールドをピボットテーブルに挿入するには、「集計フィールドの挿入」ダイアログボックスを使う。このダイアログボックスを表示する方法は左ページで解説する。注意すべきは、まずピボットテーブル内の任意のセルをクリックすることだ。これで、エクセルがピボットテーブル全体の範囲を認識し、ドラッグしてピボットテーブル全体を範囲指定する必要がなくなる。また、セルをクリックすると、ピボットテーブルのカスタマイズを行う「分析」タブが表示される。なお、表示された「集計フィールドの挿入」ダイアログボックスの使い方は、１０６ページで説明する。

ピボットテーブルに独自の計算式を表示する

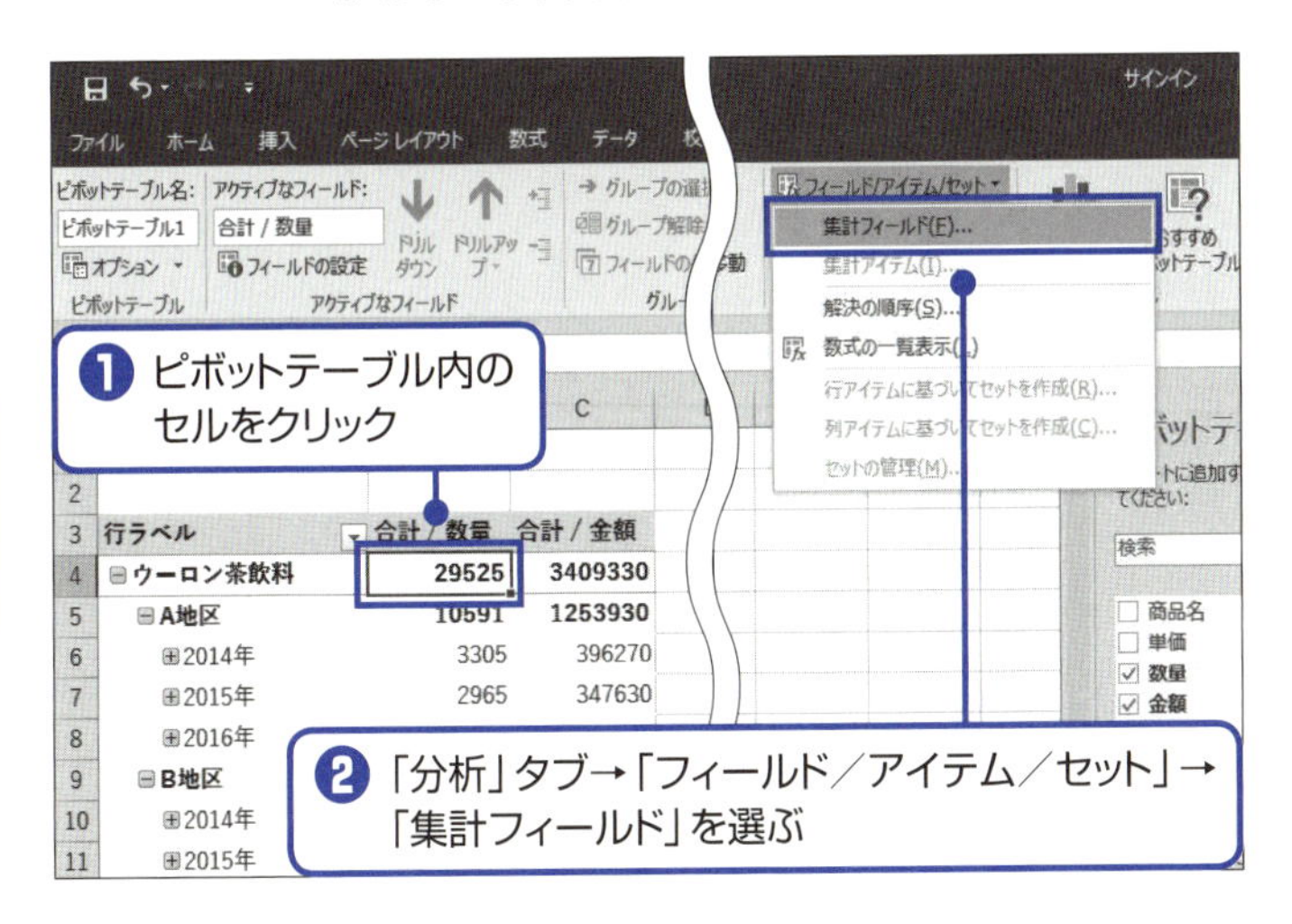

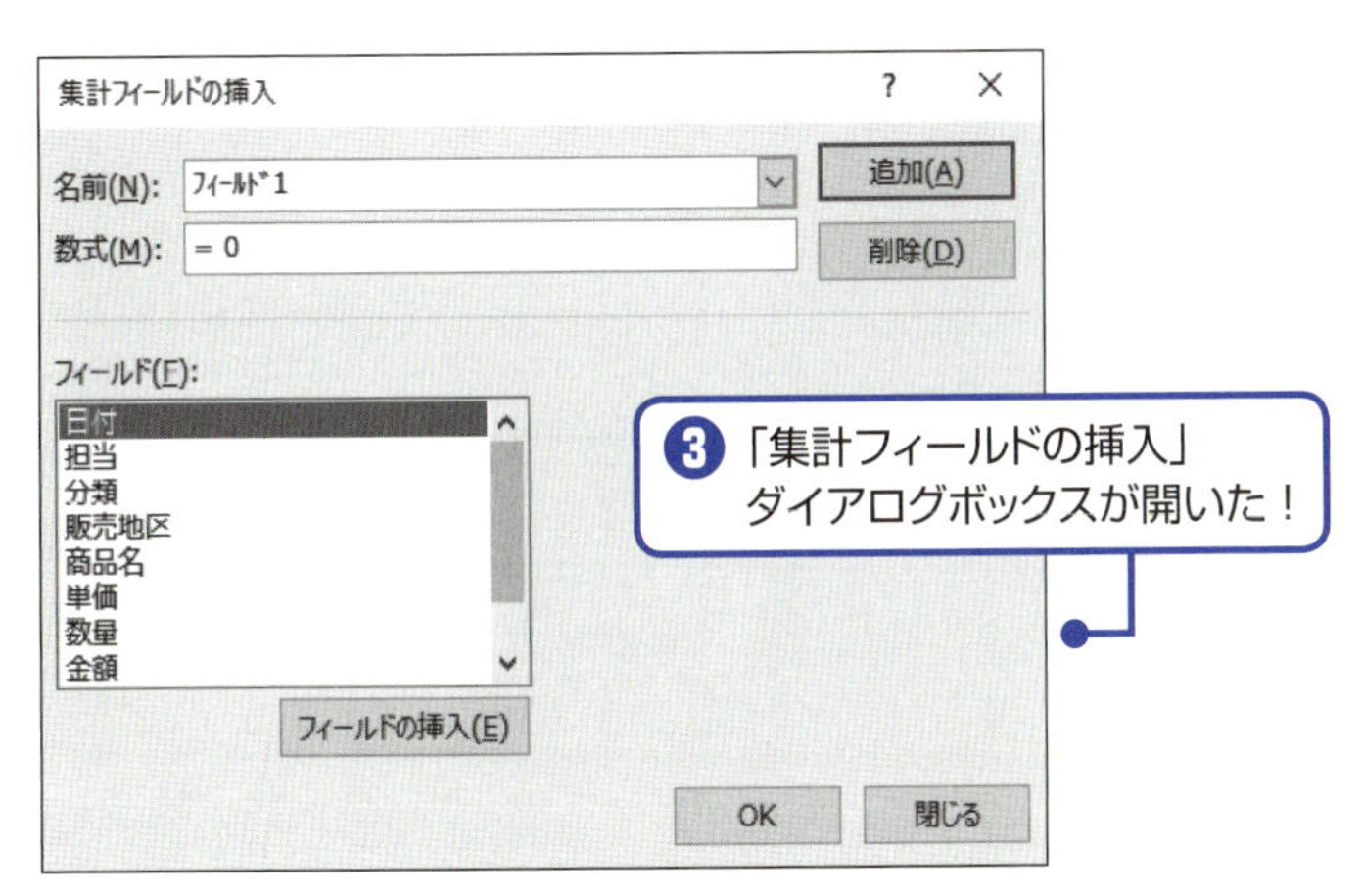

フィールドを使ったオリジナルの計算式を作る

「集計フィールドの挿入」ダイアログボックスが開いたら、オリジナルの集計を設定しよう。ここでは、税込金額を求める計算式を指定する。指定が必要な箇所は2つある。1つ目は「名前」欄だ。作成する集計フィールドには、管理上、名前を付ける必要がある。ただし、既存のフィールド名と同じ名前は設定できない。

そして2つ目は計算式だ。76ページでも説明したように、基本的にセルに入力する数式とルールは同じだ。ここでは、税込金額を求める式を「＝INT（金額＊1.08）」と入力した。この数式は、「『金額』フィールドの数値に1.08を掛け算し、求められた計算結果の1円に満たない小数部分を切り捨てる」という意味になる。集計フィールドの中では、四則演算のほか、関数も使うことができる。

式自体はキーボードからの手入力になるが、「商品名」や「金額」といったフィールド名は、ダイアログボックスの「フィールド」の一覧からクリックして式に入れることができる。こうして出来上がった「集計フィールド」は「フィールドセクション」に追加されるので、「Σ値」ボックスにドラッグ＆ドロップすれば集計結果が表示される。なお、集計フィールドの名前は112ページの方法であとから変更できる。

税込金額を計算する式を作る

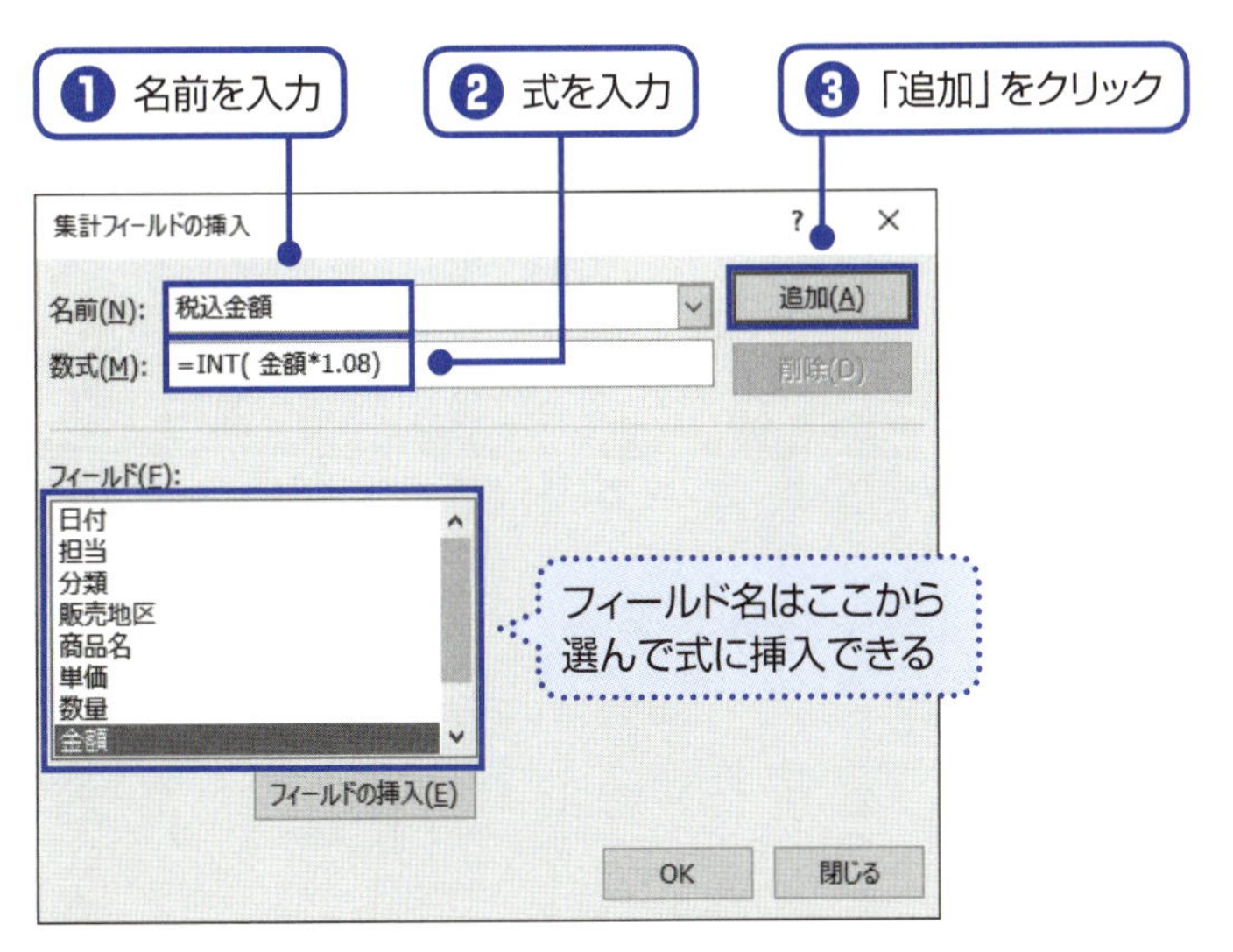

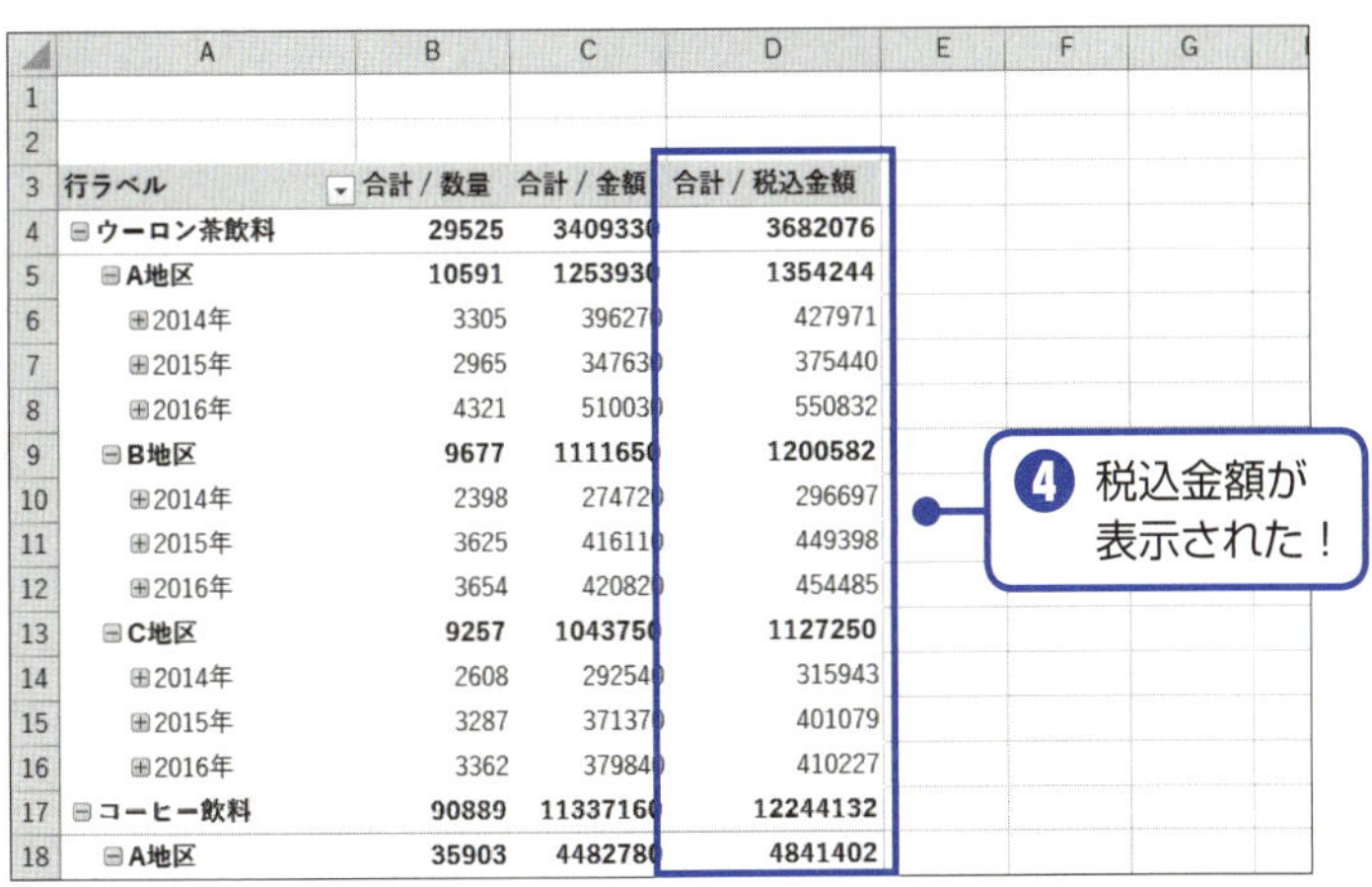

	A	B	C	D	E	F	G
1							
2							
3	行ラベル	合計 / 数量	合計 / 金額	合計 / 税込金額			
4	⊟ウーロン茶飲料	29525	3409330	3682076			
5	⊟A地区	10591	1253930	1354244			
6	⊞2014年	3305	396270	427971			
7	⊞2015年	2965	347630	375440			
8	⊞2016年	4321	510030	550832			
9	⊟B地区	9677	1111650	1200582			
10	⊞2014年	2398	274720	296697			
11	⊞2015年	3625	416110	449398			
12	⊞2016年	3654	420820	454485			
13	⊟C地区	9257	1043750	1127250			
14	⊞2014年	2608	292540	315943			
15	⊞2015年	3287	371370	401079			
16	⊞2016年	3362	379840	410227			
17	⊟コーヒー飲料	90889	11337160	12244132			
18	⊟A地区	35903	4482780	4841402			

ピボットテーブルには何が集計されたか

シートに表示されたピボットテーブルの内容を見直して、何をどのように集計しているのかをここで再度確認しておきたい。

「行」エリアには、集計の基準となる属性フィールドが3つ指定されている。最上位フィールドは「分類」だ。商品分類を入力した「分類」フィールドを元に、「ウーロン茶飲料」、「コーヒー飲料」などの商品区分ごとにデータが集計されている。さらに、販売地区による売上の差がわかるよう、2番目の階層として「販売地区」フィールドを指定した。さらに販売時期ごとにまとめて傾向を確認できるよう、「日付」を3番目の階層に設定している。

「列」エリアには3つの集計値を表示している。B列には「数量」の合計を、C列には「金額」の合計をそれぞれ求めた。これら2つの集計は、元の表の「数量」フィールドと「金額」フィールドのデータを元に算出している。これは、「Σ値」ボックスに上記2つのフィールドをドラッグするだけで自動的に算出された。

最後に、「集計フィールド」の機能を使って、D列に税込金額を求める計算式を作成した。集計フィールドを利用することで、独自計算式での集計が可能になった。

完成したピボットテーブル

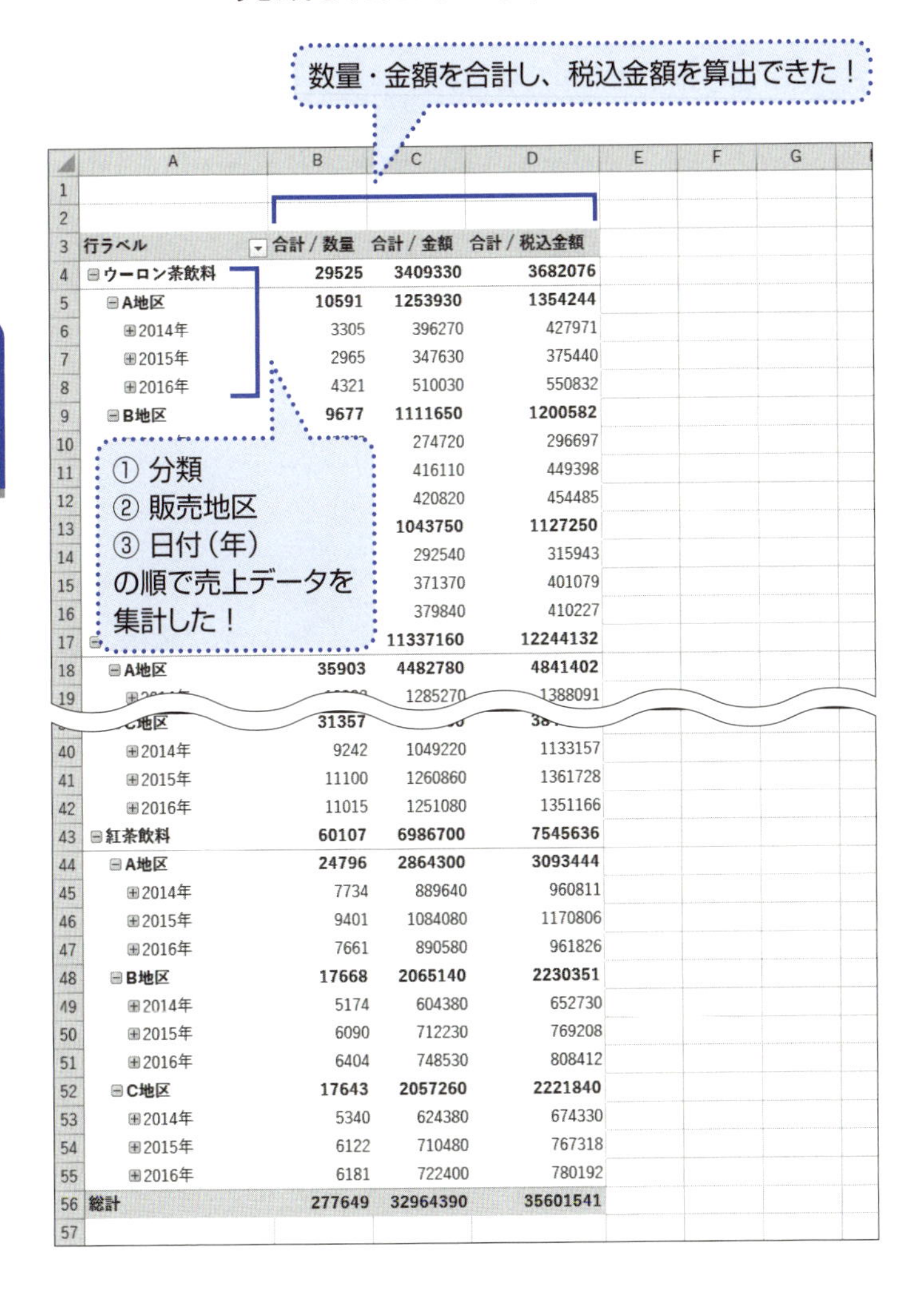

	A	B	C	D
1				
2				
3	行ラベル	合計 / 数量	合計 / 金額	合計 / 税込金額
4	⊟ウーロン茶飲料	29525	3409330	3682076
5	⊟A地区	10591	1253930	1354244
6	⊞2014年	3305	396270	427971
7	⊞2015年	2965	347630	375440
8	⊞2016年	4321	510030	550832
9	⊟B地区	9677	1111650	1200582
10			274720	296697
11			416110	449398
12			420820	454485
13			1043750	1127250
14			292540	315943
15			371370	401079
16			379840	410227
17	⊟		11337160	12244132
18	⊟A地区	35903	4482780	4841402
19	⊞		1285270	1388091
	C地区	31357		
40	⊞2014年	9242	1049220	1133157
41	⊞2015年	11100	1260860	1361728
42	⊞2016年	11015	1251080	1351166
43	⊟紅茶飲料	60107	6986700	7545636
44	⊟A地区	24796	2864300	3093444
45	⊞2014年	7734	889640	960811
46	⊞2015年	9401	1084080	1170806
47	⊞2016年	7661	890580	961826
48	⊟B地区	17668	2065140	2230351
49	⊞2014年	5174	604380	652730
50	⊞2015年	6090	712230	769208
51	⊞2016年	6404	748530	808412
52	⊟C地区	17643	2057260	2221840
53	⊞2014年	5340	624380	674330
54	⊞2015年	6122	710480	767318
55	⊞2016年	6181	722400	780192
56	総計	277649	32964390	35601541
57				

SECTION 19

出来上がったピボットテーブルを見やすくカスタマイズする

完成直後のテーブルを確認

左ページのピボットテーブルは完成直後のものだが、集計内容を読み取るうえで見づらい部分が2点あるのだ。最後にそれを改善しよう。

1つ目は、「列」のエリアに表示されたフィールド名だ。B3のセルを見ると、「合計／数量」と表示されている。これは「Σ値」にフィールドを指定すると、初期設定では、「集計方法」（72ページ参照）と集計元となっているフィールド名をスラッシュ「／」で区切って表示されるルールがあるためだ。これはもっと簡潔でわかりやすい名前に変更したほうがよいだろう。

2つ目は、集計結果として表示されている数値の部分だ。合計を求めた結果、桁の大きい数字の羅列になっているが、数字だけしか表示されていないのでわかりづらい。通常、エクセルシートで数値を入力するときは、「29,525」のように、3桁単位で区切るカンマ「，」を付けて表示するのが常識だ。

初期設定のままではここが見づらい

列の見出しが長くてわかりづらい
(112ページ参照)

	A	B	C	D
1				
2				
3	行ラベル	合計 / 数量	合計 / 金額	合計 / 税込金額
4	⊟ウーロン茶飲料	**29525**	**3409330**	**3682076**
5	⊟A地区	**10591**	**1253930**	**1354244**
6	⊞2014年	3305	396270	427971
7	⊞2015年	2965	347630	375440
8	⊞2016年	4321	510030	550832
9	⊟B地区	**9677**	**1111650**	**1200582**
10	⊞2014年	2398	274720	296697
11	⊞2015年	3625	416110	449398
		3654	420820	454485
		9257	**1043750**	**1127250**
		2608	292540	315943
		3287	371370	401079
16	⊞2016年	3362	379840	410227
17	⊟コーヒー飲料	**90889**	**11337160**	**12244132**
18	⊟A地区	**35903**	**4482780**	**4841402**
19	⊞2014年	10322	1285270	1388091
20	⊞2015年	10867	1359520	1468281
21	⊞2016年	14714	1837990	1985029
22	⊟B地区	**28417**	**3486990**	**3765949**
23	⊞2014年	8713	1066630	1151960

桁区切りの
カンマがなく、
読み取りづらい
(114ページ参照)

フィールド名をわかりやすく変更する

集計欄のフィールド名を簡潔でわかりやすい項目見出しに変更しよう。

まず、左ページの手順で「値フィールドの設定」ダイアログボックスを開く。なお、このダイアログボックスの設定は、エリアセクションの「Σ値」に配置したフィールドを個別に選んで行う必要がある。

「値フィールドの設定」ダイアログボックスを開いたら、「名前の指定」欄に初期設定の項目の見出しが「合計／数量」のように表示されている。欄の中の文字を削除して、かわりにわかりやすい名前を入力すればよい。ただし、ここでも既存のフィールド名と重複した名前を付けるとエラーになるので要注意。すでに存在するフィールド名と重複しないように、わかりやすい簡潔なフィールド名に変更しよう。

設定が済んだら、「ＯＫ」をクリックしてダイアログボックスを閉じると、ピボットテーブルが更新される。なお、１１４のページでもこの「値フィールドの設定」ダイアログボックスでの操作を続けるため、ここでは、ダイアログボックスは開いたままにしておくほうが効率的だ。

フィールド名をわかりやすく変更

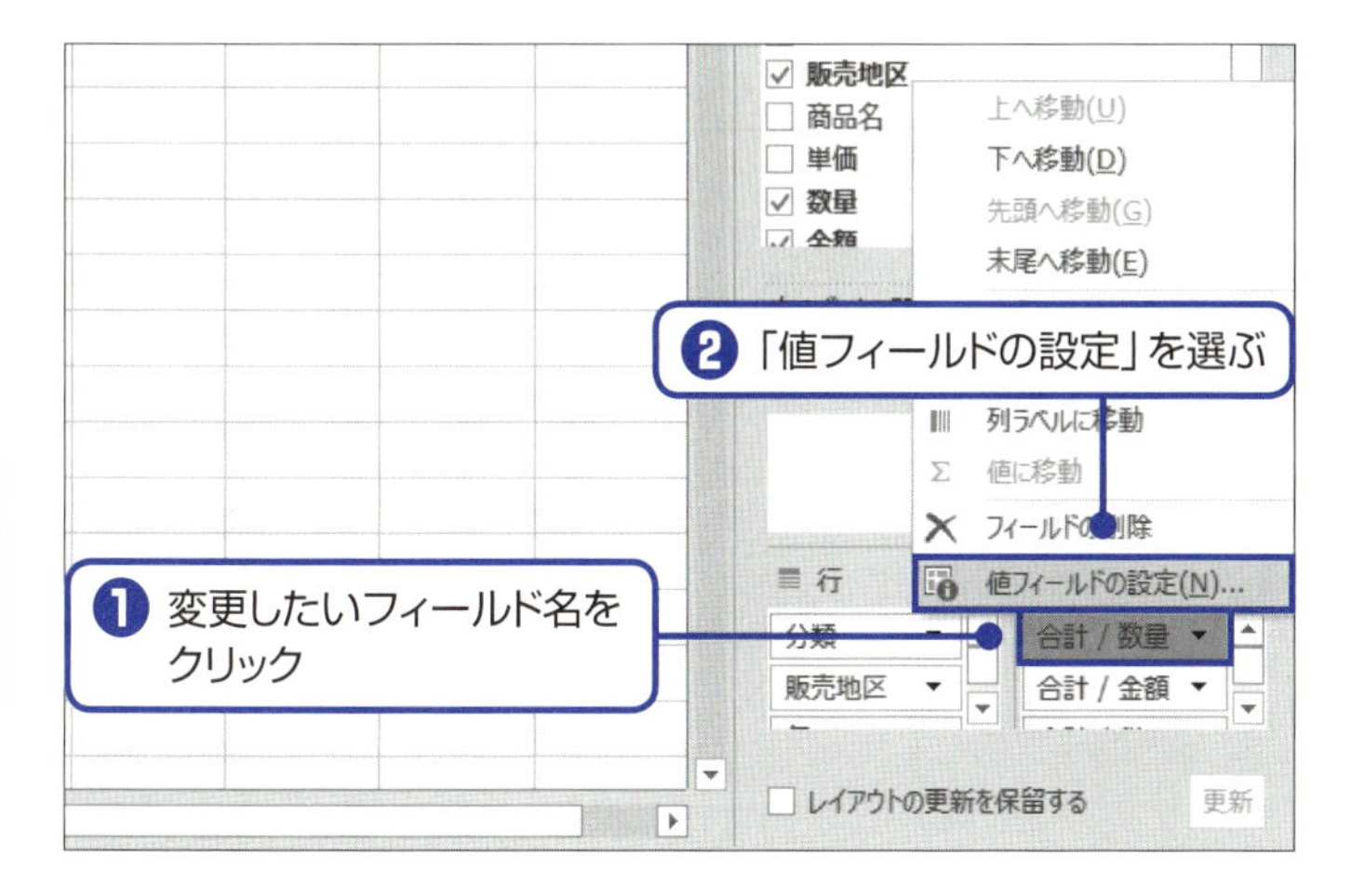

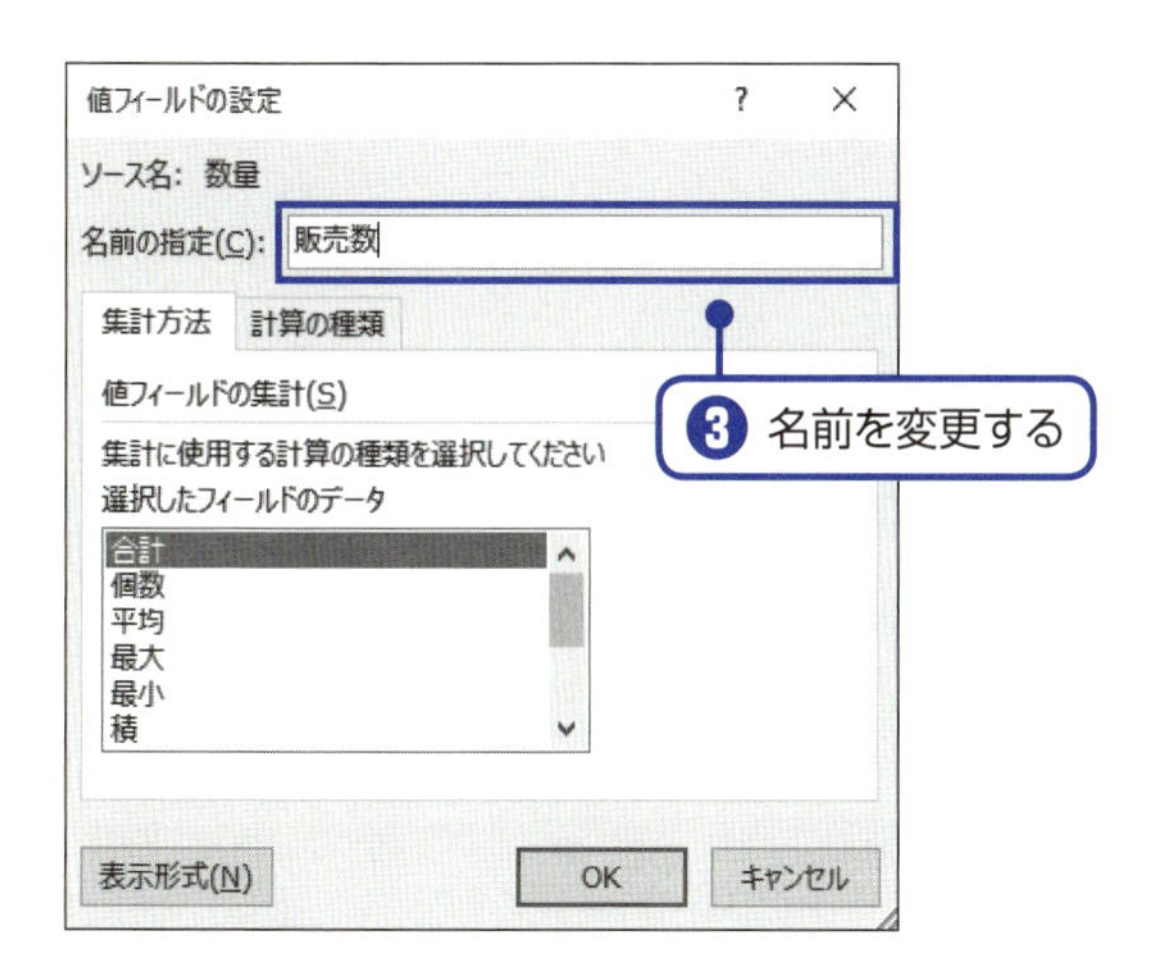

第3章 クロス集計してみよう! 実践ピボットテーブル

数字の表示形式を見やすく変更する

今度は、集計結果の数字に桁区切りのカンマ「，」を付けて、合計などをわかりやすく表示しよう。112ページの操作により、現在も開いたままになっている「値フィールドの設定」ダイアログボックスから操作できる。

ダイアログボックス左下の「表示形式」ボタンをクリックすると、左ページの下の例のような「セルの書式設定」ダイアログボックスが開く。これは、日常的にセルの操作でも使われる書式設定画面の「表示形式」タブだけを抜粋したものだ。このダイアログボックスでは、「桁区切りを使用する」にチェックを入れると、大きな数字に桁区切りのカンマを表示できる。また、「分類」で「通貨」を選べば、「¥」記号を先頭に表示することも可能だ。このほか、72ページの操作で平均値を求めた場合には、結果が割り切れない数値だと、「2531.3333」のように、小数部分が延々と表示されてしまう。この場合には、「小数点以下の桁数」で小数第何位までを表示するのかを統一するとよいだろう。

最後に「OK」ボタンをクリックして、ダイアログボックスをすべて閉じよう。これでピボットテーブルは、116ページのように見やすいものに変わっているはずだ。

集計結果の数字に「,」を付ける

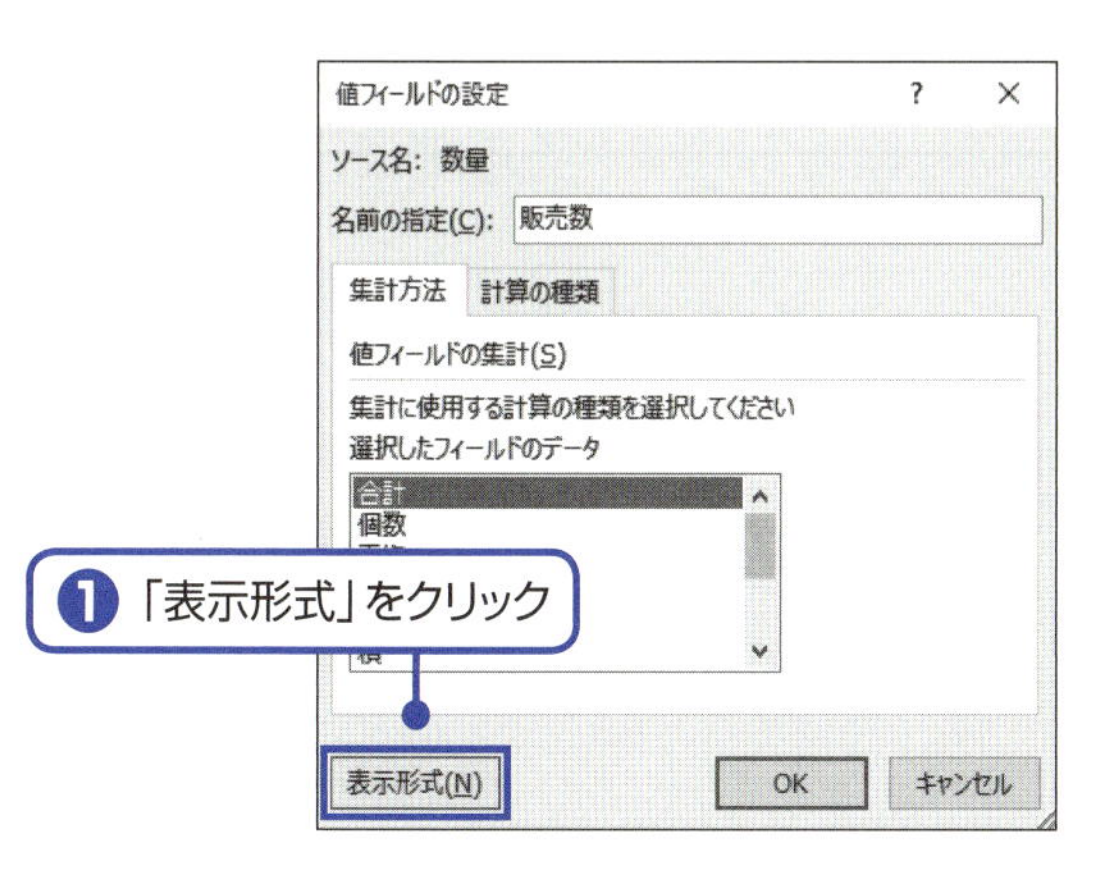

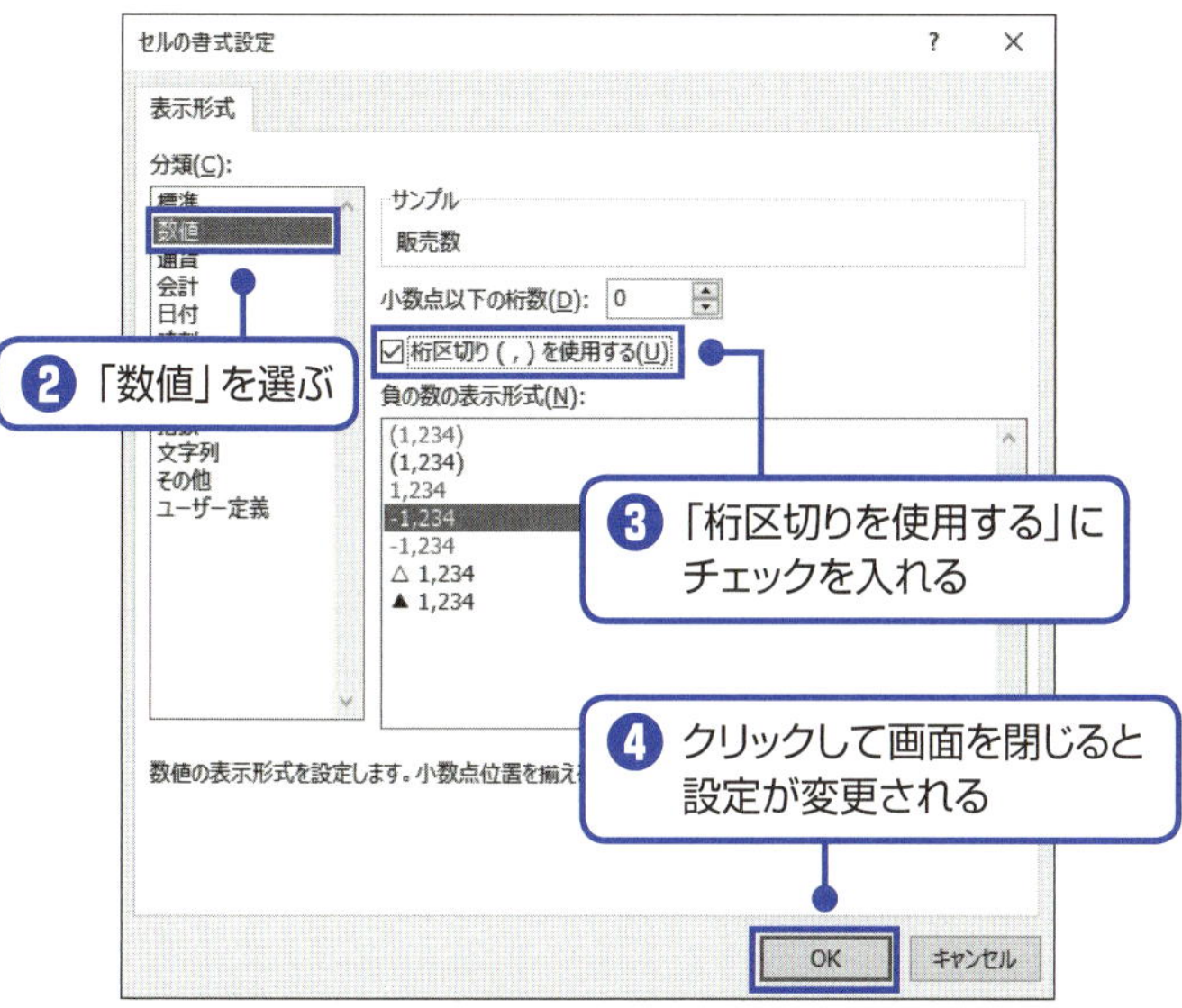

COLUMN

完成したピボットテーブルを再度確認

ようやくピボットテーブルが完成した。下の例では、実線の枠は「行」のエリアで使われているフィールドを表し、点線の枠は、集計の元データとして「列」のエリアとクロス集計部分で使われているフィールドを表している。

また、「列」のフィールド名は簡潔な名前に、集計結果の数字は桁区切りのカンマ表示にそれぞれ変更した。

● 元の表と完成したピボットテーブル

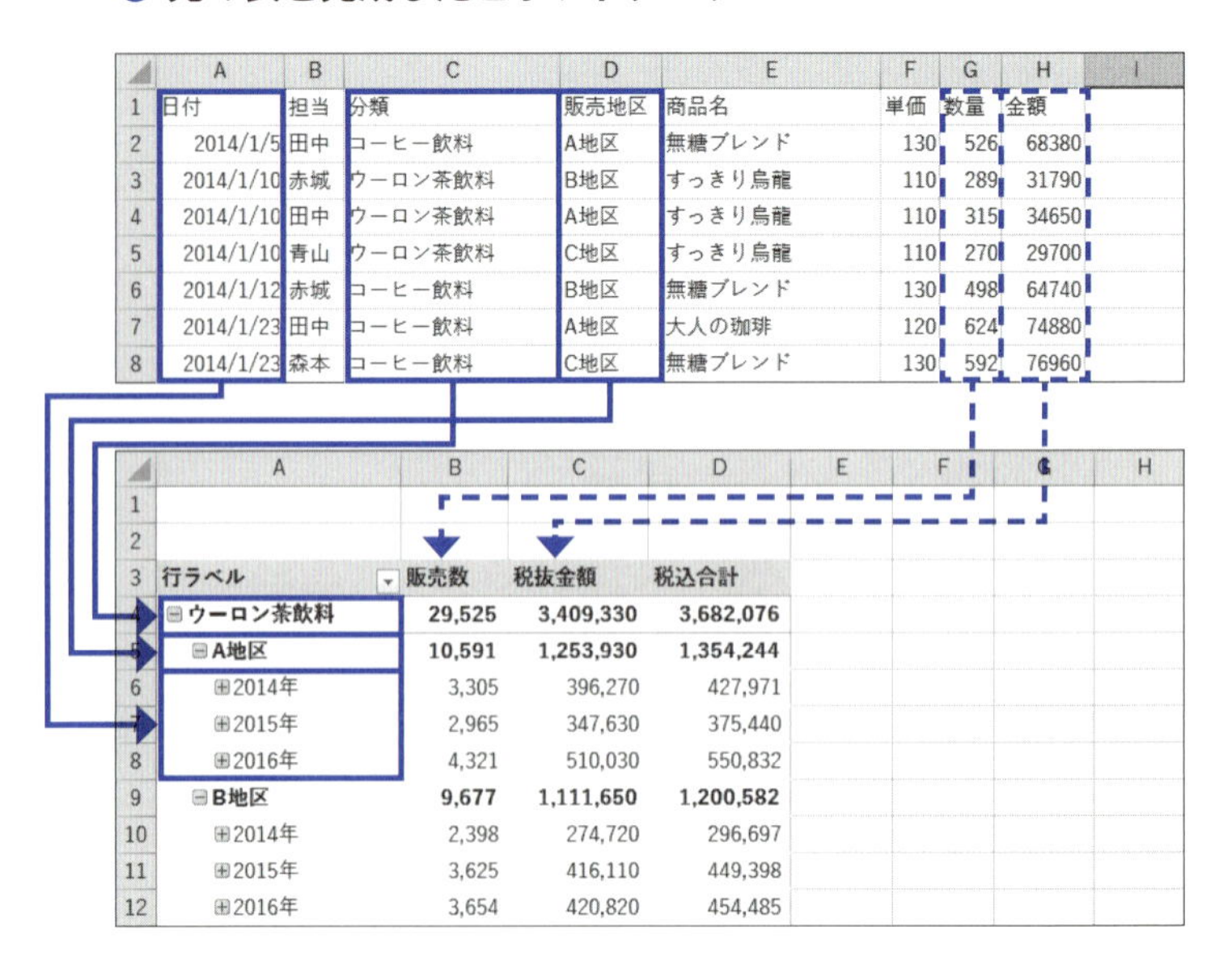

	A	B	C	D	E	F	G	H
1	日付	担当	分類	販売地区	商品名	単価	数量	金額
2	2014/1/5	田中	コーヒー飲料	A地区	無糖ブレンド	130	526	68380
3	2014/1/10	赤城	ウーロン茶飲料	B地区	すっきり烏龍	110	289	31790
4	2014/1/10	田中	ウーロン茶飲料	A地区	すっきり烏龍	110	315	34650
5	2014/1/10	青山	ウーロン茶飲料	C地区	すっきり烏龍	110	270	29700
6	2014/1/12	赤城	コーヒー飲料	B地区	無糖ブレンド	130	498	64740
7	2014/1/23	田中	コーヒー飲料	A地区	大人の珈琲	120	624	74880
8	2014/1/23	森本	コーヒー飲料	C地区	無糖ブレンド	130	592	76960

	A	B	C	D
1				
2				
3	行ラベル	販売数	税抜金額	税込合計
4	⊟ウーロン茶飲料	29,525	3,409,330	3,682,076
5	⊟A地区	10,591	1,253,930	1,354,244
6	⊞2014年	3,305	396,270	427,971
7	⊞2015年	2,965	347,630	375,440
8	⊞2016年	4,321	510,030	550,832
9	⊟B地区	9,677	1,111,650	1,200,582
10	⊞2014年	2,398	274,720	296,697
11	⊞2015年	3,625	416,110	449,398
12	⊞2016年	3,654	420,820	454,485

4章

ピボットテーブルから さらに情報を引き出す 5つのツール

SECTION 20

指定した条件に合うものだけを集計・表示させる

ピボットテーブルで「フィルター」は使えない？

第4章では、ピボットテーブルをさらに活用するために知っておきたい4つの機能を紹介したい。まずは、エクセルシートでおなじみの抽出、つまり「フィルター」機能だ。フィルター機能とは、表を一時的に加工して、**着目したい特定のデータだけが表示された状態にする**ことだ。このとき、対象外のデータは非表示になる。エクセルシートでは、「データ」タブの「フィルター」ボタンを使ってこの設定が可能だが、ピボットテーブルでも同様の操作はできるのだろうか。答えはイエスだ。

左ページの上の例で、ピボットテーブルに表示された集計結果のうち、「A地区」に関するデータだけをまとめてチェックしたいとする。このようなときに、フィルターを実行すれば、左ページの下の例のように、「A地区」のみが表示されたピボットテーブルになる。ほかの地区の集計結果は一時的に表示されなくなるが、フィルターを解除すれば元のように表示される。

「フィルター」を使って見たいデータだけを一時的に表示

	A	B	C	D	E	F	G	H
1								
2								
3	行ラベル	販売数	税抜金額	税込合計				
4	⊟ウーロン茶飲料	29,525	3,409,330	3,682,076				
5	⊟A地区	10,591	1,253,930	1,354,244				
6	⊞2014年	3,305	396,270	427,971				
7	⊞2015年	2,965	347,630	375,440				
8	⊞2016年	4,321	510,030	550,832				
9	⊟B地区	9,677	1,111,650	1,200,582				
10	⊞2014年	2,398	274,720	296,697				
11	⊞2015年	3,625	416,110	449,398				
12	⊞2016年	3,654	420,820	454,485				
13	⊟C地区	9,257	1,043,750	1,127,250				
14	⊞2014年	2,608	292,540	315,943				
15	⊞2015年	3,287	371,370	401,079				
16	⊞2016年	3,362	379,840	410,227				
17	⊟コーヒー飲料	90,889	11,337,160	12,244,132				
18	⊟A地区	35,903	4,482,780	4,841,402				

A地区のデータだけを見たい

	A	B	C	D	E	F	G	H
1								
2								
3	行ラベル	販売数	税抜金額	税込合計				
4	⊟ウーロン茶飲料	10,591	1,253,930	1,354,244				
5	⊟A地区	10,591	1,253,930	1,354,244				
6	⊞2014年	3,305	396,270	427,971				
7	⊞2015年	2,965	347,630	375,440				
8	⊞2016年	4,321	510,030	550,832				
9	⊟コーヒー飲料	35,903	4,482,780	4,841,402				
10	⊟A地区	35,903	4,482,780	4,841,402				
11	⊞2014年	10,322	1,285,270	1,388,091				
12	⊞2015年	10,867	1,359,520	1,468,281				
13	⊞2016年	14,714	1,837,990	1,985,029				
14	⊟ミネラルウォーター	34,599	4,041,080	4,364,366				
15	⊟A地区	34,599	4,041,080	4,364,366				
16	⊞2014年	10,892	1,274,650	1,376,622				
17	⊞2015年	12,393	1,445,080	1,560,686				
18	⊞2016年	11,314	1,321,350	1,427,058				

A地区だけが表示された!

まずは基本、「行」のフィールドでフィルタリング

最初に押さえておきたいのは、「行」のエリアに用意されているボタンを使った抽出だ。これは、ピボットテーブルでのフィルターの基本編といってよい。

では、さきほどの119ページの例で説明しよう。ピボットテーブルの集計結果から まず、「行ラベル」と表示されたA3セルの右端を確認してほしい。▼のボタンがあるはずだ。ここをクリックすると、フィルター設定を行う項目リストが表示される。「フィールドの選択」で、まずは、「行」エリアに設定した複数のフィールドのうち、フィルターの条件を設定するフィールドを選ぶ必要がある。というのは、私たちが作成したピボットテーブルでは、「行」のエリアに属性が3つ指定されているからだ。「分類」、「販売地区」、「日付（年）」のうち、どれをフィルターの条件に使うのかを指定する必要があり、ここでは、「販売地区」を選択する。

すると、下の欄に「A地区」、「B地区」…と地区の一覧がリストアップされる。これはオートフィルターでおなじみのチェックボックスなので、ピボットテーブルに表示したい対象だけにチェックを入れればよい。「A地区」だけチェックが入った状態にして「OK」をクリックすれば、「A地区」のみのデータが抽出される。

「行」エリアで「A地区」の販売データだけを抽出

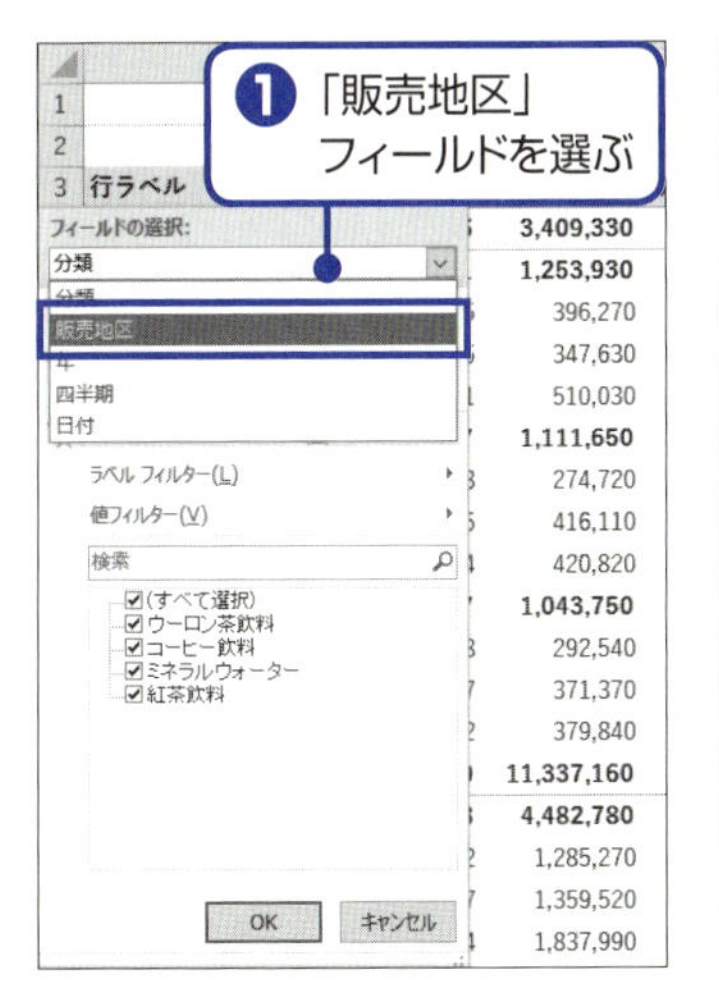

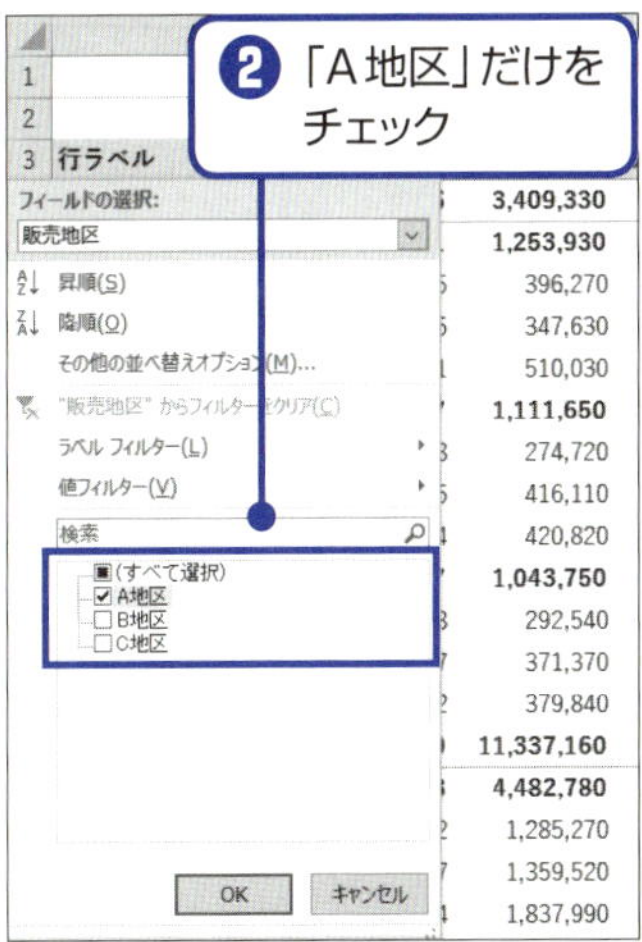

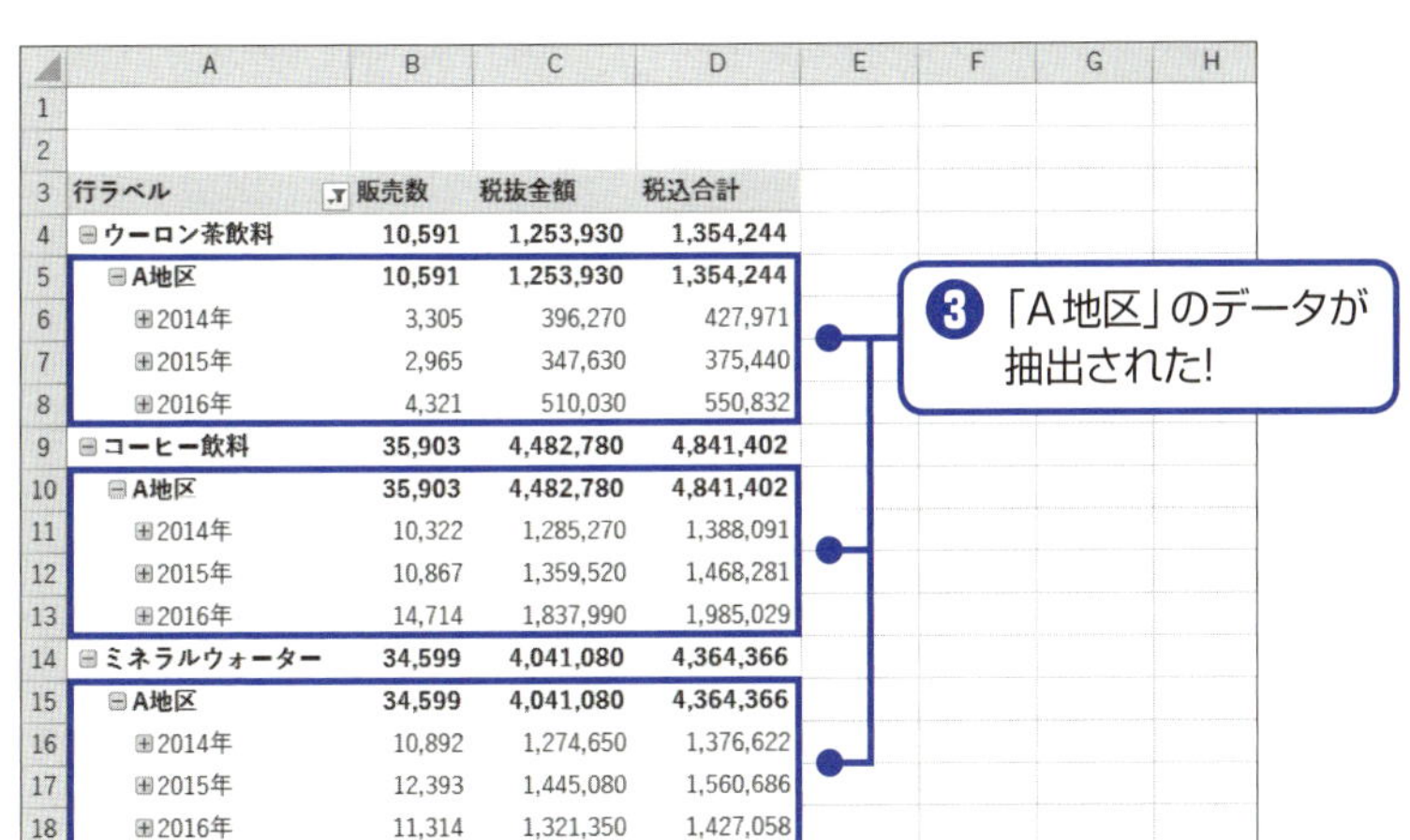

	A	B	C	D
3	行ラベル	販売数	税抜金額	税込合計
4	⊟ウーロン茶飲料	10,591	1,253,930	1,354,244
5	⊟A地区	10,591	1,253,930	1,354,244
6	⊞2014年	3,305	396,270	427,971
7	⊞2015年	2,965	347,630	375,440
8	⊞2016年	4,321	510,030	550,832
9	⊟コーヒー飲料	35,903	4,482,780	4,841,402
10	⊟A地区	35,903	4,482,780	4,841,402
11	⊞2014年	10,322	1,285,270	1,388,091
12	⊞2015年	10,867	1,359,520	1,468,281
13	⊞2016年	14,714	1,837,990	1,985,029
14	⊟ミネラルウォーター	34,599	4,041,080	4,364,366
15	⊟A地区	34,599	4,041,080	4,364,366
16	⊞2014年	10,892	1,274,650	1,376,622
17	⊞2015年	12,393	1,445,080	1,560,686
18	⊞2016年	11,314	1,321,350	1,427,058

フィルター専用のフィールドを追加

次は、ピボットテーブル全体の集計対象を絞り込む方法をマスターしよう。これは、フィルター専用の欄を設けて、そこで抽出の操作を行う方法だ。ピボットテーブルのシート上部の空行部分が、フィルターの条件欄として使われる領域だ。

「販売地区」が「A地区」である売上データだけを集計してみよう。最初にエリアセクションで、「行」ボックスにある「販売地区」フィールドを「フィルター」ボックスへドラッグ&ドロップする。この操作でピボットテーブルの左上（A1セル）に「販売地区」と表示されるはずだ。条件欄の準備はこれで完了。

❶ ここにフィルター専用のフィールドを追加する

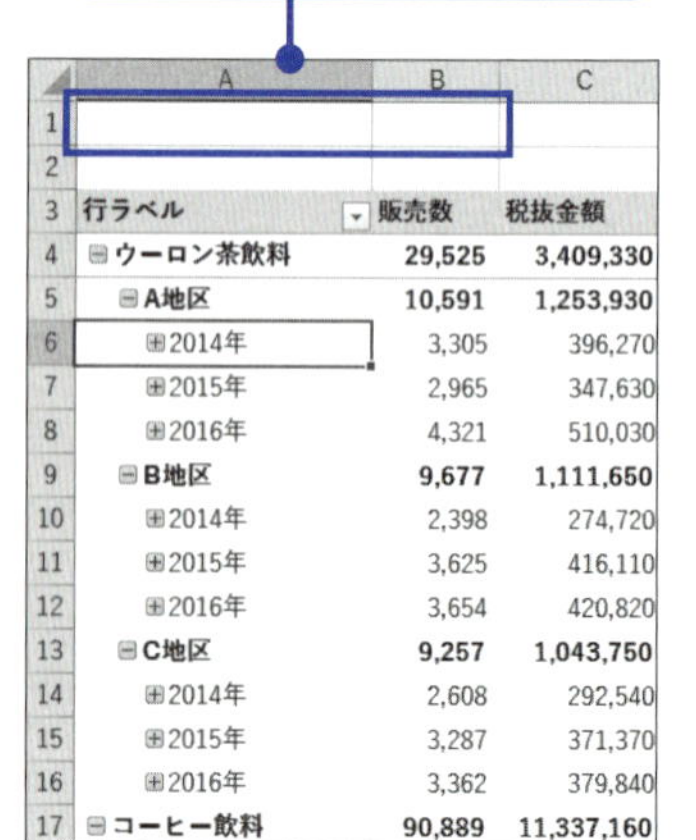

	A	B	C
1			
2			
3	行ラベル	販売数	税抜金額
4	⊟ウーロン茶飲料	29,525	3,409,330
5	⊟A地区	10,591	1,253,930
6	⊞2014年	3,305	396,270
7	⊞2015年	2,965	347,630
8	⊞2016年	4,321	510,030
9	⊟B地区	9,677	1,111,650
10	⊞2014年	2,398	274,720
11	⊞2015年	3,625	416,110
12	⊞2016年	3,654	420,820
13	⊟C地区	9,257	1,043,750
14	⊞2014年	2,608	292,540
15	⊞2015年	3,287	371,370
16	⊞2016年	3,362	379,840
17	⊟コーヒー飲料	90,889	11,337,160

❷ 「販売地区」を「フィルター」ボックスへドラッグ&ドロップ

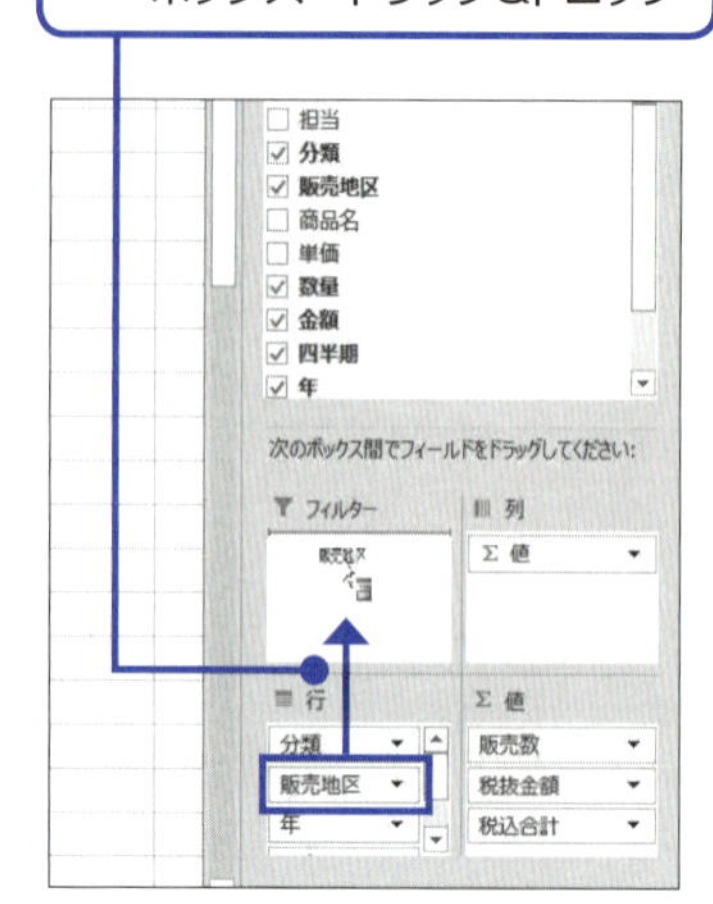

続けてフィルターを実行しよう。条件欄右端（B1セル）の▼をクリックし、抽出したい「A地区」を選ぶ。複数の地区名でフィルターしたい場合、「複数のアイテムを選択」にチェックを入れる。

表示される集計結果は、「行」エリアで抽出した121ページと同じになる。これは、同じ条件で抽出しているためだ。ただ、「販売地区」がピボットテーブルの上の行に配置されるのでレイアウトがすっきりし、左上のフィルター欄を見れば抽出に使っている条件を常に確認できる。そういったメリットを踏まえて使い分けたい。

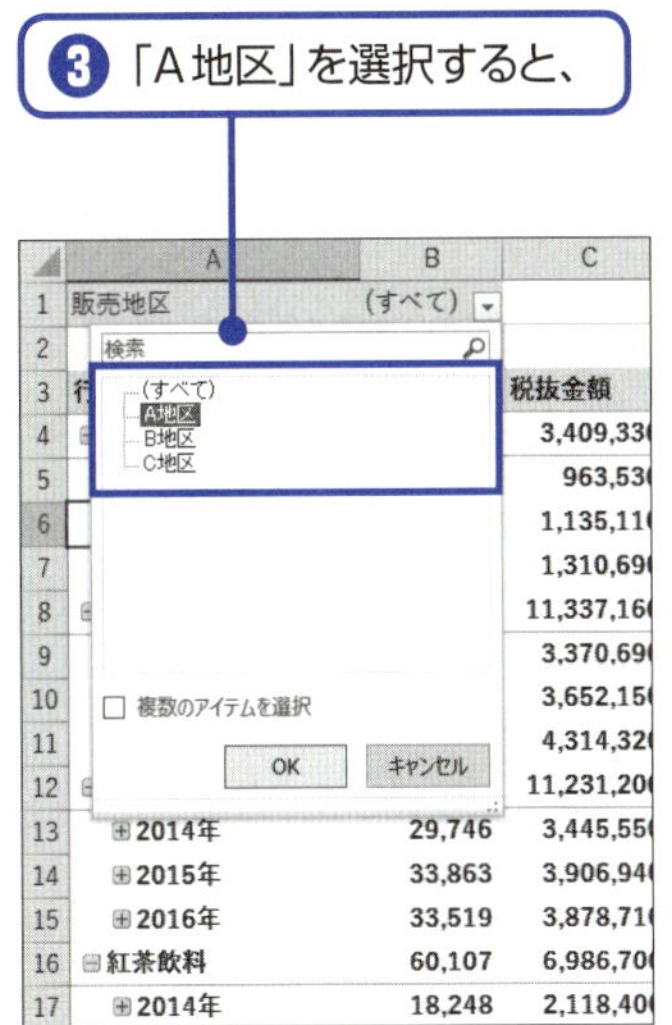

	A	B	C
1	販売地区	A地区	
2			
3	行ラベル	販売数	税抜金額
4	⊟ウーロン茶飲料	10,591	1,253,930
5	⊞2014年	3,305	396,270
6	⊞2015年	2,965	347,630
7	⊞2016年	4,321	510,030
8	⊟コーヒー飲料	35,903	4,482,780
9	⊞2014年	10,322	1,285,270
10	⊞2015年	10,867	1,359,520
11	⊞2016年	14,714	1,837,990
12	⊟ミネラルウォーター	34,599	4,041,080
13	⊞2014年	10,892	1,274,650
14	⊞2015年	12,393	1,445,080
15	⊞2016年	11,314	1,321,350
16	⊟紅茶飲料	24,796	2,864,300
17	⊞2014年	7,734	889,640

SECTION 21

「行ラベルのフィルター」を活用する

「『○○』を含む」「『○○』で始まる」で抽出

「○○無糖」とか「無糖○○」のように、商品名に「無糖」という語を含む商品を探したいこともある。このような**幅を持たせた条件でフィルタリングするには、「ワイルドカード」を利用**する。「ワイルドカード」は、条件設定の際に不特定の文字のかわりに使う記号だ。ピボットテーブルの抽出では、2種類のワイルドカード「＊」と「?」を使い分けると、指定できる条件の幅がグンと広がる。

半角の「＊」は任意の文字列を表し、「＊」の位置に何らかの文字が表示されることを示す。このとき、文字数は問わず、文字自体がなくてもよいので、「＊無糖＊」と指定すれば、「『無糖』という語を商品名のどこかに含む」という意味になる。一方、半角の「?」は文字数を決めて条件指定したいときに使う。「??ブレンド」と指定すれば、「ブレンド」の前の文字が2文字である「無糖ブレンド」などの商品だけが抽出される。

商品名に「無糖」を含む商品のデータを抽出したい

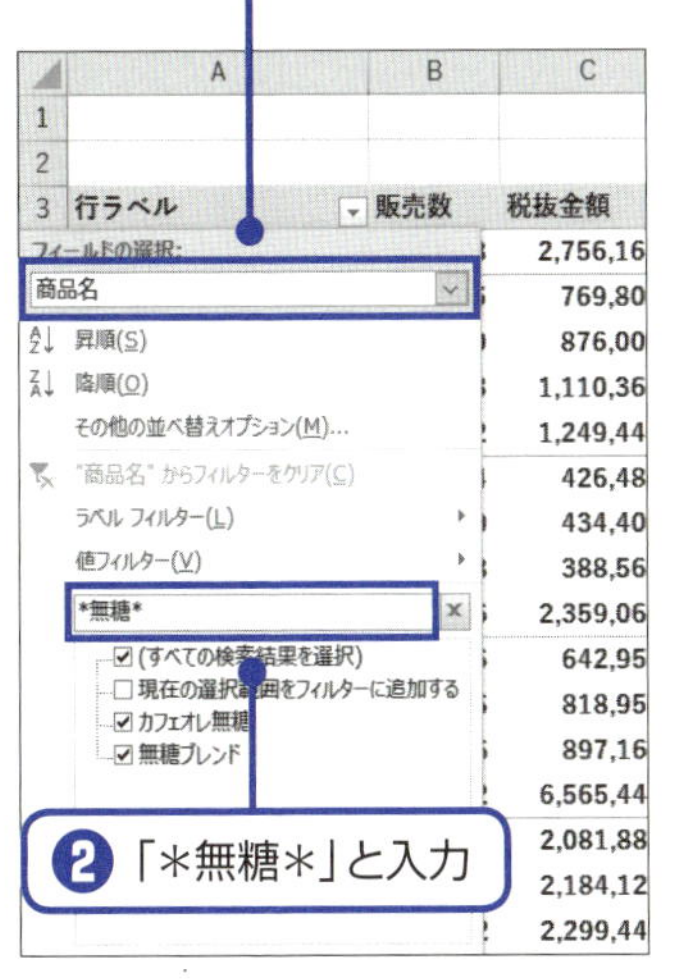

・ワイルドカードを使った条件の例

条件	意味	抽出される商品名
無糖	「無糖」を含む	無糖ブレンド、カフェオレ無糖
無糖*	「無糖」で始まる	無糖ブレンド
*ブレンド	「ブレンド」で終わる	無糖ブレンド、モーニングブレンド
??ブレンド	「○○ブレンド」という商品	無糖ブレンド

「＊」は任意の文字列を表す
「?」は任意の1文字を表す

「行ラベルのフィルター」を複数使って絞り込む

作例のピボットテーブルでは、「行」のエリアに「分類」、「販売地区」、「日付（年）」の3種類のフィールドを設定している。このように、複数の属性を配置したピボットテーブルでは、複数のフィールドでフィルターを繰り返し実行できる。

では、A地区の売上データの中から、さらに2014年の内容だけをピボットテーブルに表示させてみよう。まず、121ページの手順で一度フィルターを実行し、「販売地区」フィールドが「A地区」である集計データだけを表示しておく。

次に、同じピボットテーブルにもう一度フィルターを実行しよう。その際、使用するフィールドに「年」を選び、条件には「2014年」を指定する。これで、両方の条件を満たす集計データだけを抽出できる。

フィルターを解除する方法も知っておこう。すべての抽出を一斉に解除するには、リボンの「分析」タブで「クリア」から「フィルターのクリア」を選べばよい。一部の抽出条件だけを解除するには、左ページの下の例のように、「行」ラベルのフィルター欄で、解除したい属性のフィールドを選択してからフィルターをクリアするコマンドを選ぶ。この場合、解除対象ではないフィルターはそのまま残る。

「A地区」のデータからさらに「2014年」のデータを抽出したい

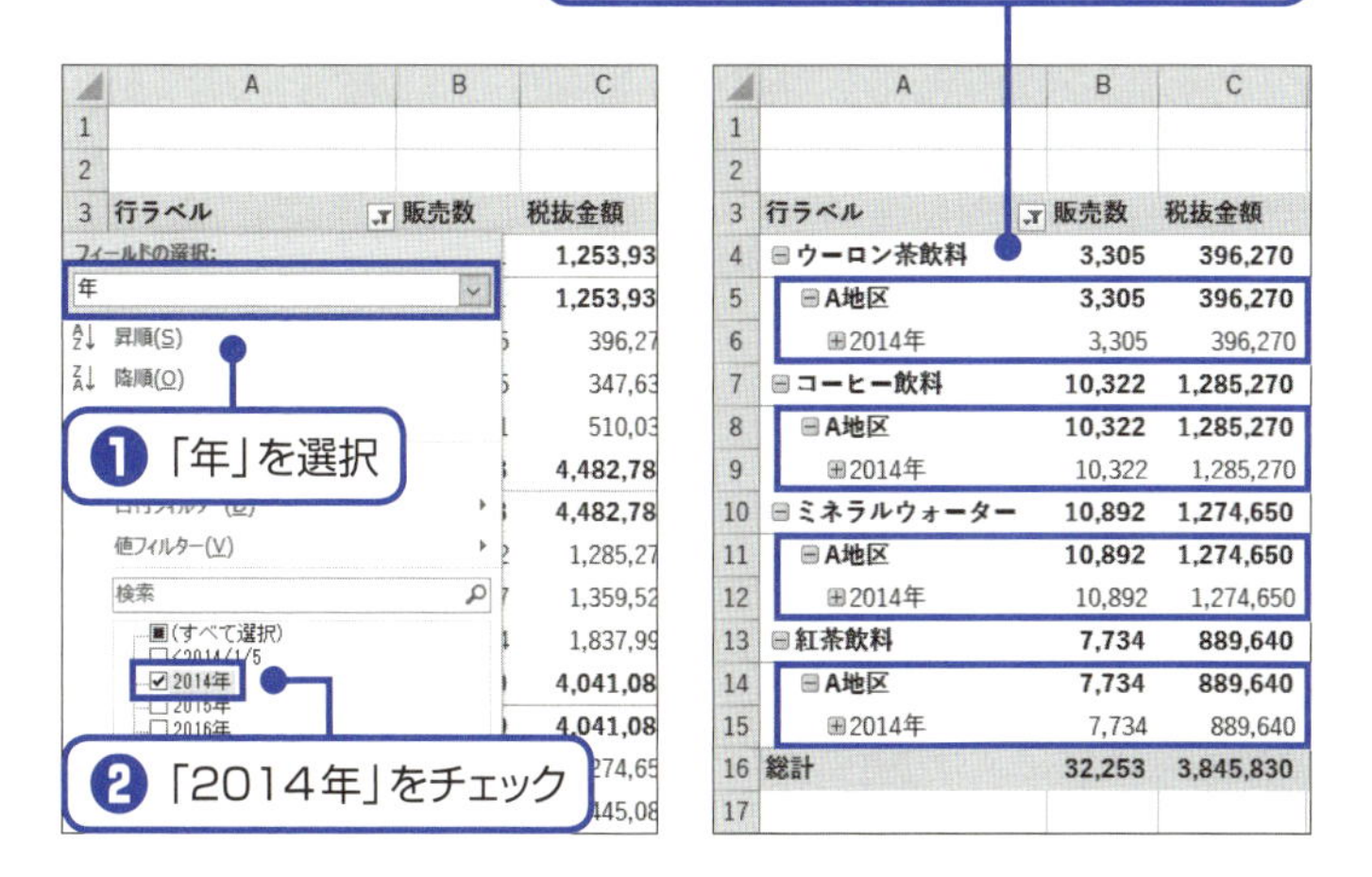

「2014年」のフィルターだけを解除するには

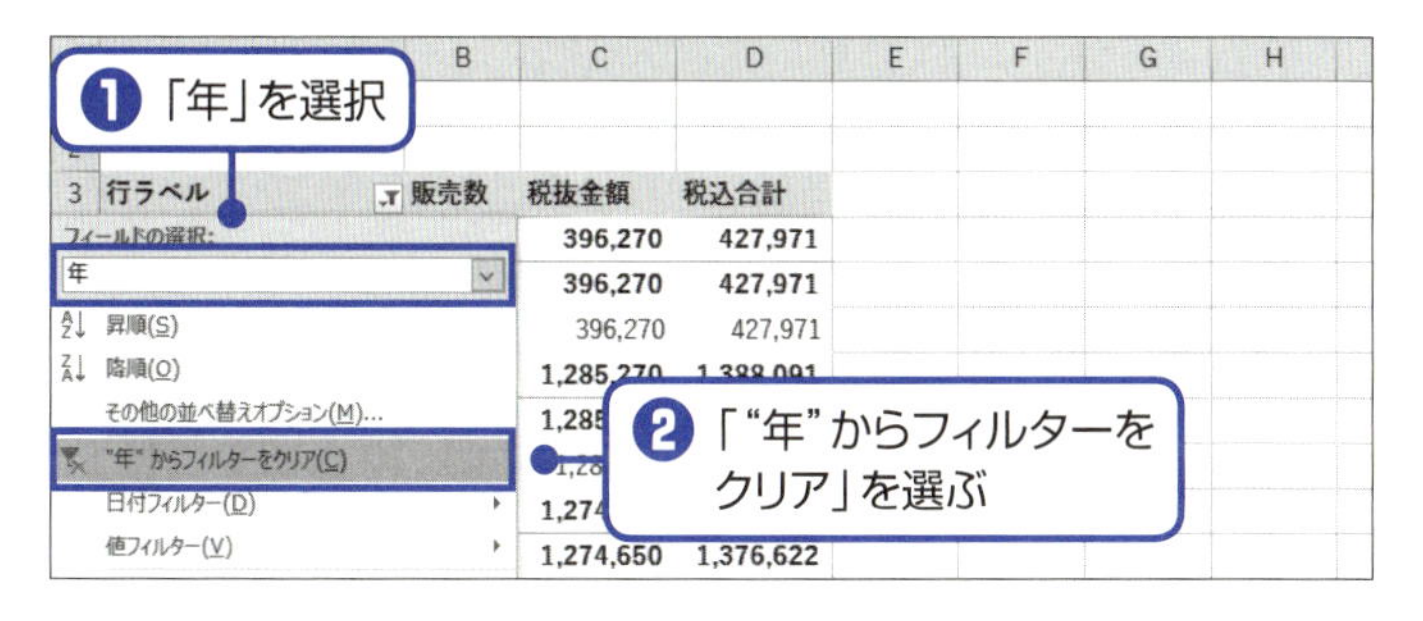

第4章 ピボットテーブルからさらに情報を引き出す5つのツール

集計値を使ってフィルタリングする

集計結果を元にデータを抽出したいというニーズも当然あるだろう。その場合、ピボットテーブルでは、フィルターの条件に集計結果の数値そのものを指定できる。たとえば、「税抜金額」が一定額以上のデータだけを抽出すれば、大型案件ばかりをすばやく確認できるようになる。

このような抽出には、「値フィルター」という機能を利用する。この値フィルターを使って、「税抜金額」が100万円以上である「年」のデータを抽出してみよう。ポイントは、基準となる属性を要所要所で確認しながら、正しく指定することだ。

順を追って解説しよう。抽出の対象となるフィールドは「年」だ。そこで「フィールドの選択」欄で「年」を選んでから「値フィルター」のコマンドを選ぶ。次に、集計の基準とするフィールドは「税抜金額」だ。したがって、「値フィルター」の設定画面では、「税抜金額」を選んでから、数値欄に100万と入力する。当たり前のことだが、「これはどのフィールドの数値なのか」を正しく指定しないと、まったく見当違いの条件で抽出してしまう。ただし、そこさえ押さえれば、複雑な条件でも難なく指定できるのだ。

「税抜金額」が100万円以上の「年」のデータを抽出

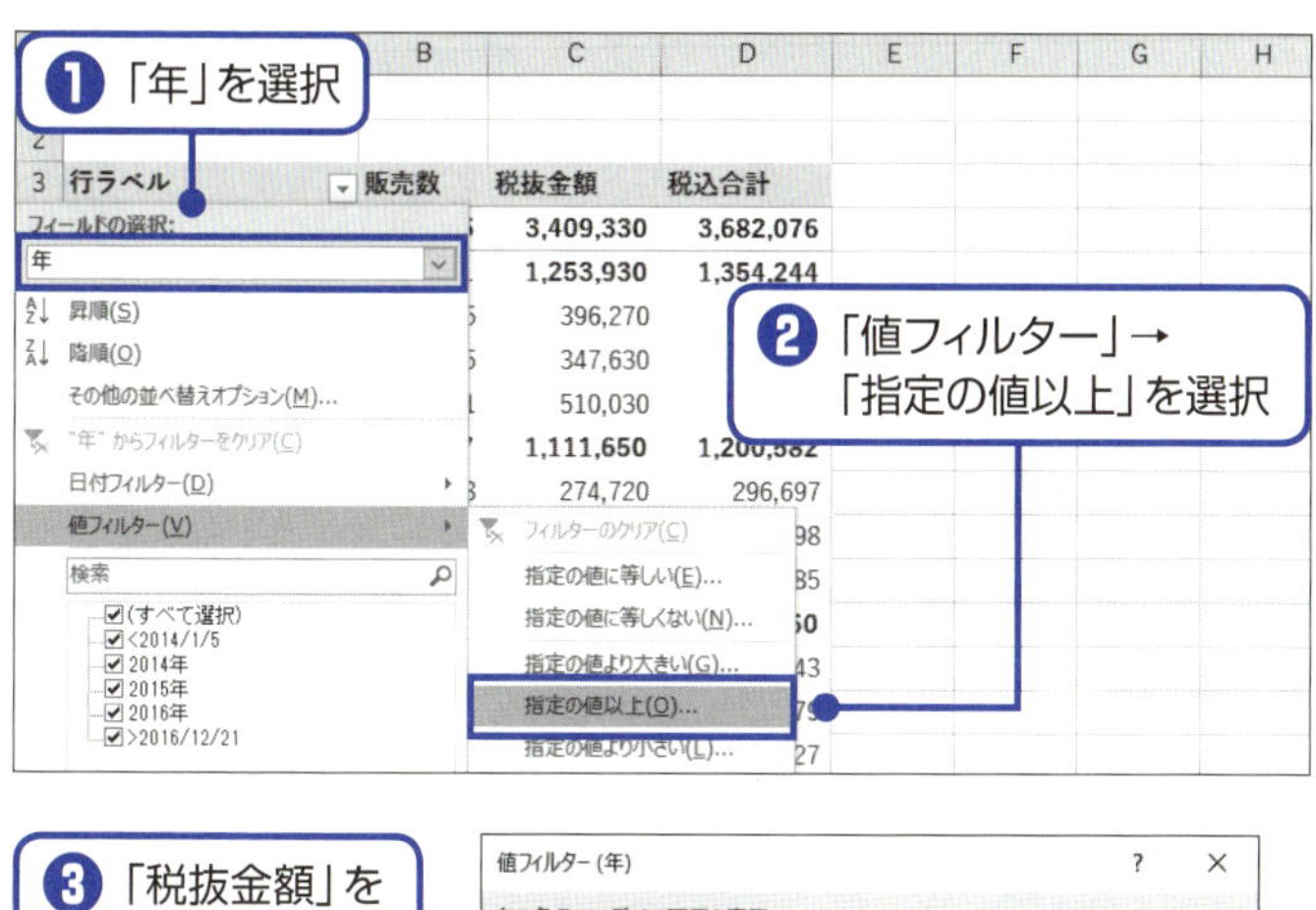

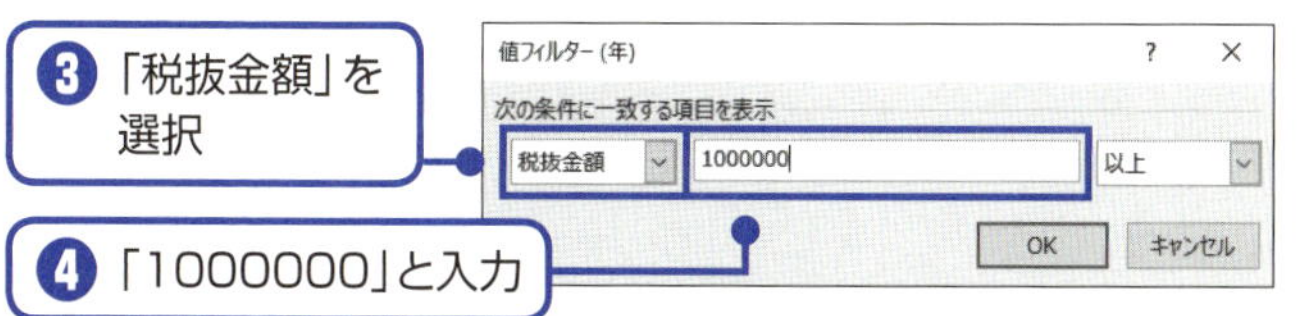

	A	B	C	D
1				
2				
3	行ラベル	販売数	税抜金額	税込合計
4	⊟コーヒー飲料	90,889	11,337,160	12,244,132
5	⊟A地区	35,903	4,482,780	4,84
6	⊞2014年	10,322	1,285,270	1,3
7	⊞2015年	10,867	1,359,520	1,4
8	⊞2016年	14,714	1,837,990	1,9
9	⊟B地区	28,417	3,486,990	3,76
10	⊞2014年	8,713	1,066,630	1,151,960
11	⊞2015年	9,595	1,175,230	1,269,248
12	⊞2016年	10,109	1,245,130	1,344,740
13	⊟C地区	26,569	3,367,390	3,636,781
14	⊞2014年	8,040	1,018,790	1,100,293

❺「税抜金額」が100万円以上の「年」のデータが抽出された！

SECTION 22

範囲があるフィールドは指定した単位に区切って集計できる

「グループ化」とは

商品別の売上集計表を作るとき、同じ商品名ごとにデータをまとめて販売数や売上金額を合計するだろう。この作業を「グループ化」と呼ぶ。特に意識しなくても「商品名」や「担当」など文字データを扱うフィールドでは、「行」のエリアにフィールドを追加すると、自動で同一アイテムごとにグループ化が行われる。

ただし、日付や数字の場合は勝手が違う。「売上日」や「販売数」の列には、大小さまざまの日付や数字が入力されているはずだ。これをピボットテーブルに追加すると、細かい数字がそのまま並んでしまう。日々の日付や販売数の羅列から特徴をつかむことは正直難しいだろう。そこで、ピボットテーブルでは、日付や数値といった範囲を持つデータを対象に、手動で「グループ化」する機能がある。日付が入ったフィールドを「行ラベル」ボックスにドラッグ&ドロップすれば、日付の「グループ化」が自動で設定される。エクセル2013／2010は左ページの下の手順で行う。

数値や日付は「グループ化」できる

日付	担当	分類	販売地区	商品名	単価	数量	金額
2014/1/5	田中	コーヒー飲料	A地区	無糖ブレンド	130	526	68380
2014/1/10	赤城	ウーロン茶飲料	B地区	すっきり烏龍	110	289	31790
2014/1/10	田中	ウーロン茶飲料	A地区	すっきり烏龍	110	315	34650
2014/1/10	青山	ウーロン茶飲料	C地区	すっきり烏龍	110	270	29700
2014/1/12	赤城	コーヒー飲料	B地区	無糖ブレンド	130	498	64740
2014/1/23	田中	コーヒー飲料	A地区	大人の珈琲	120	624	74880
2014/1/23	森本	コーヒー飲料	C地区	無糖ブレンド	130	592	76960
2014/1/24	佐藤	紅茶飲料	A地区	まろやか紅茶	120	478	57360

(例1)日付を年単位で
グループ化
2014年の日付
2015年の日付
2016年の日付

(例2)数量を300本ごとに
グループ化
1～300本
301～600本
601～900本

エクセル2013／2010で「グループ化」を設定

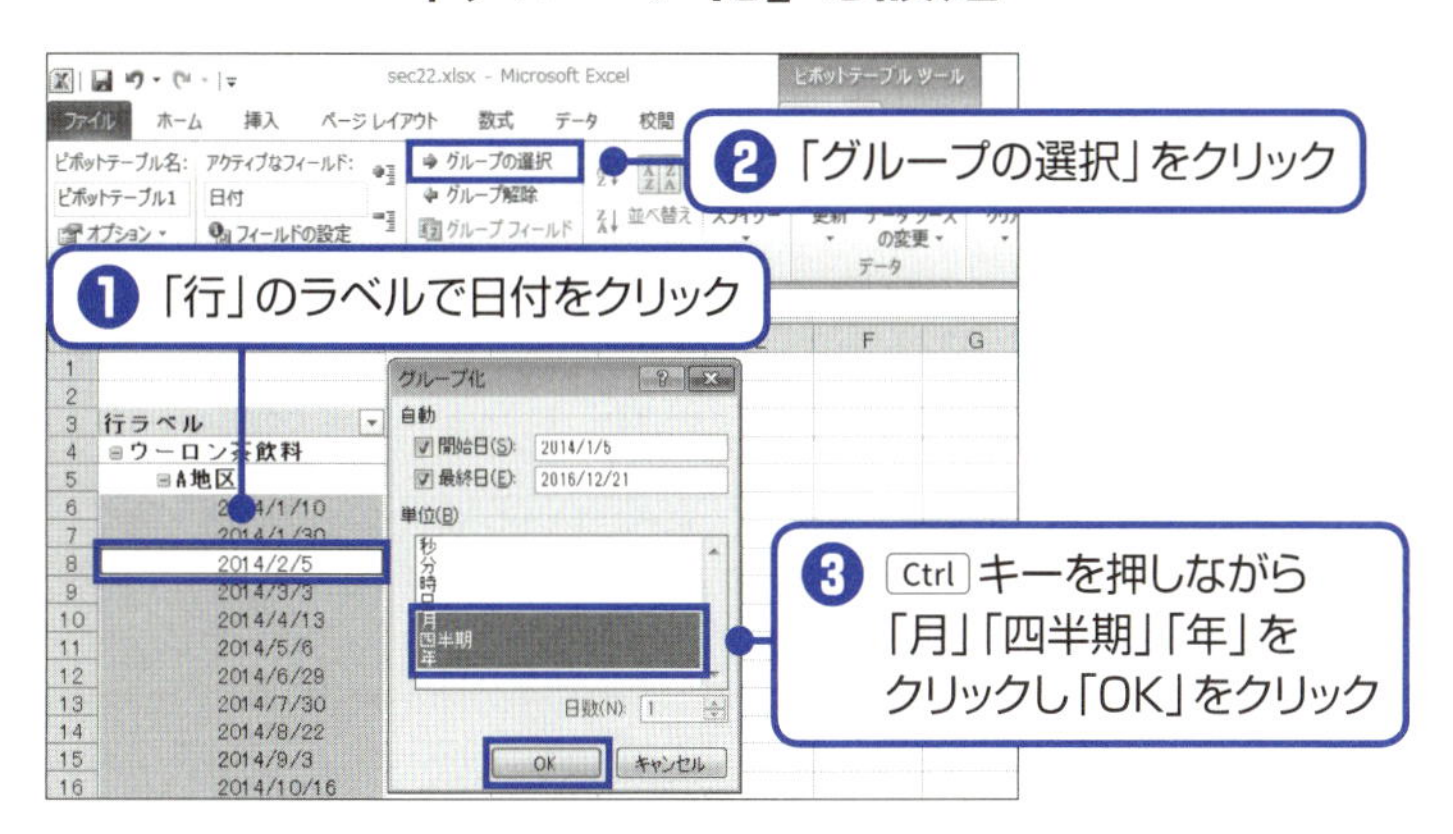

範囲を区切るとどうなるか

ピボットテーブルでは、グループ化した内容を「行」のエリアで小見出しとして使う。こうすると、それぞれのグループに属する内容が自動で集計される。

左ページの上の例は、グループ化する前のピボットテーブルだ。「行」のエリアには、日付が1日単位で並んでいて、「販売数」、「税抜金額」、「税込金額」といった列見出しの下には、該当する数字が表示されている。この状態では、日々の売上状況はわかるが、そこから傾向や変化などを読み取ることは難しい。

そこで下の例のように、「年」単位で日付をグループ化してみよう。すると、各地区の売上データは、勝手に「2014年」、「2015年」…と年単位で集計される。これなら、年による売上の変化や比較ができる。バラバラの日付のままでは傾向をつかめない個々の金額や数量データが、グループ化をすれば生きてくるわけだ。

ちなみに、日付データでグループ化できるのは、「年」だけではない、「四半期」、「月」とグループ化の単位を変えることにより、シーズンや月による売上の違い、嗜好の違いなどを分析できる。

日付を「年」でグループ化すると、年単位でデータを集計できる

・グループ化していないピボットテーブル

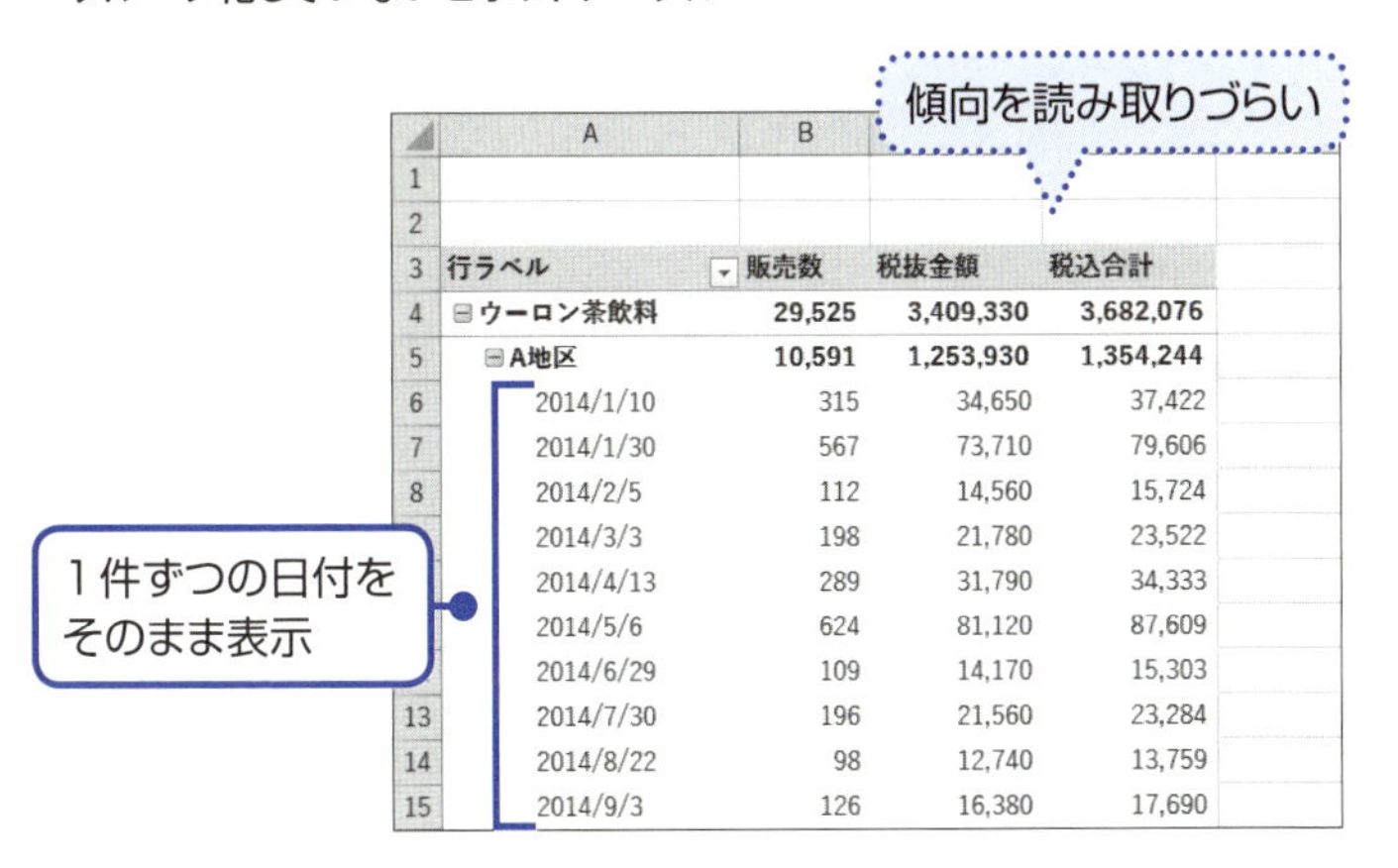

	A	B		
1				
2				
3	行ラベル	販売数	税抜金額	税込合計
4	⊟ウーロン茶飲料	29,525	3,409,330	3,682,076
5	⊟A地区	10,591	1,253,930	1,354,244
6	2014/1/10	315	34,650	37,422
7	2014/1/30	567	73,710	79,606
8	2014/2/5	112	14,560	15,724
	2014/3/3	198	21,780	23,522
	2014/4/13	289	31,790	34,333
	2014/5/6	624	81,120	87,609
	2014/6/29	109	14,170	15,303
13	2014/7/30	196	21,560	23,284
14	2014/8/22	98	12,740	13,759
15	2014/9/3	126	16,380	17,690

・グループ化したピボットテーブル

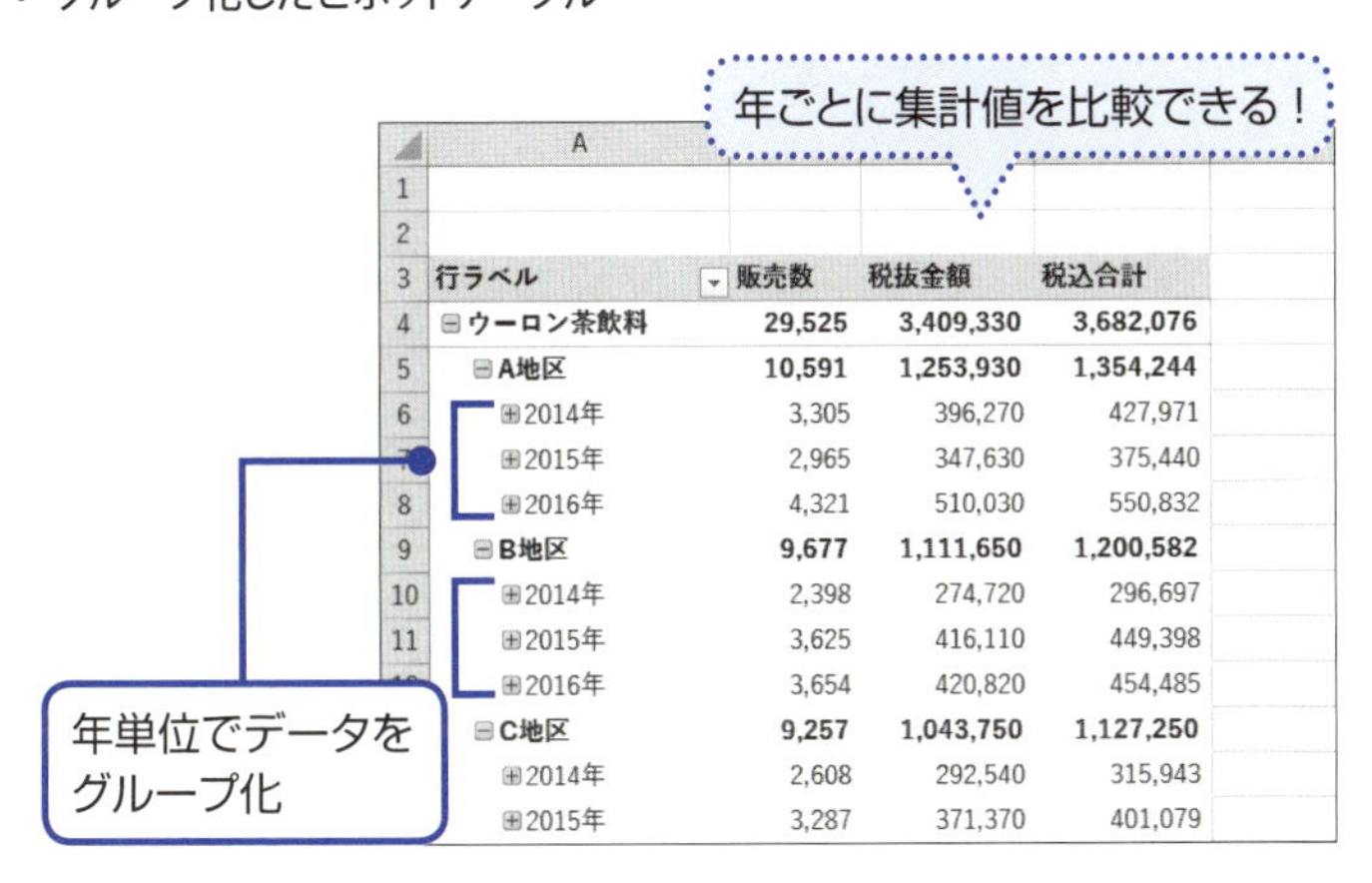

	A			
1				
2				
3	行ラベル	販売数	税抜金額	税込合計
4	⊟ウーロン茶飲料	29,525	3,409,330	3,682,076
5	⊟A地区	10,591	1,253,930	1,354,244
6	⊞2014年	3,305	396,270	427,971
	⊞2015年	2,965	347,630	375,440
8	⊞2016年	4,321	510,030	550,832
9	⊟B地区	9,677	1,111,650	1,200,582
10	⊞2014年	2,398	274,720	296,697
11	⊞2015年	3,625	416,110	449,398
	⊞2016年	3,654	420,820	454,485
	⊟C地区	9,257	1,043,750	1,127,250
	⊞2014年	2,608	292,540	315,943
	⊞2015年	3,287	371,370	401,079

SECTION 23

数値で区切る「グループ化」

「1～200」「201～400」のような範囲を区切る

こんな例を考えてみよう。この会社では、月に一度、自販機で販売する清涼飲料水の販売データを調べている。販売する地区が違えば、同じ商品でも売れ行きは異なる。そこで、商品の分類ごとに販売数をランク分けして傾向を分析したい。こんなときには数値のグループ化の出番だ。

左ページのように、「行」ボックスに「分類」、「販売地区」を順に配置し、「Σ値」ボックスには「数量」を追加。さらに、72ページを参考に「数量」フィールドの集計方法を「個数」に変更しておく。「個数」は、データの出現回数を求めたいときに使う。これにより、『ウーロン茶飲料』の売上報告は113件あったが、そのうち『A地区』に関する報告は38件だ」ということがわかる。

次に「行」のエリアの一番下の階層に「数量」フィールドをもう1つ追加する。この時点で、元の表の「数量」列に入力された数字が、行の見出しにずらりと並ぶはずだ。この「数量」フィールドをグループ化して、ランクを表す見出しに変更しよう。表示された「数量」のセルを1つ選び、「分析」タブの「グループの選択」をクリックすると、「グループ化」ダイアログボックスが開く。続けて、136ページの設定手順に進もう。

販売数をグループ化してランクを調べたい

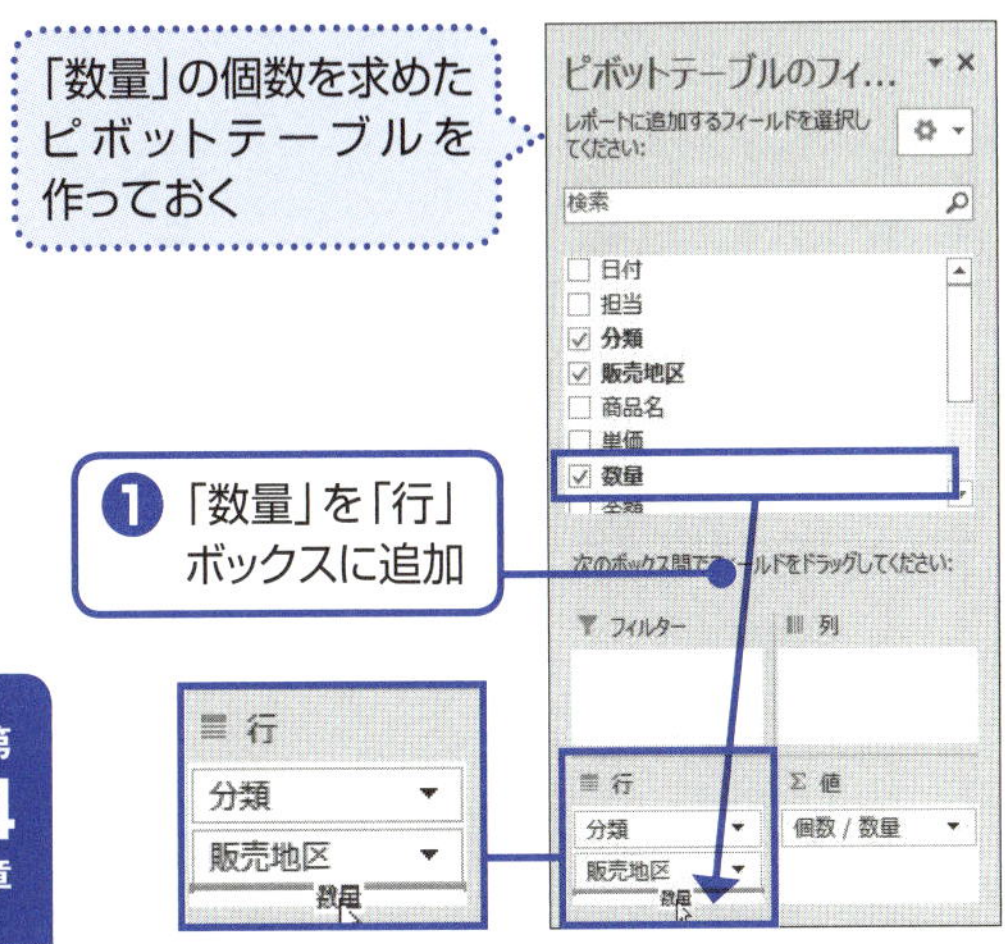

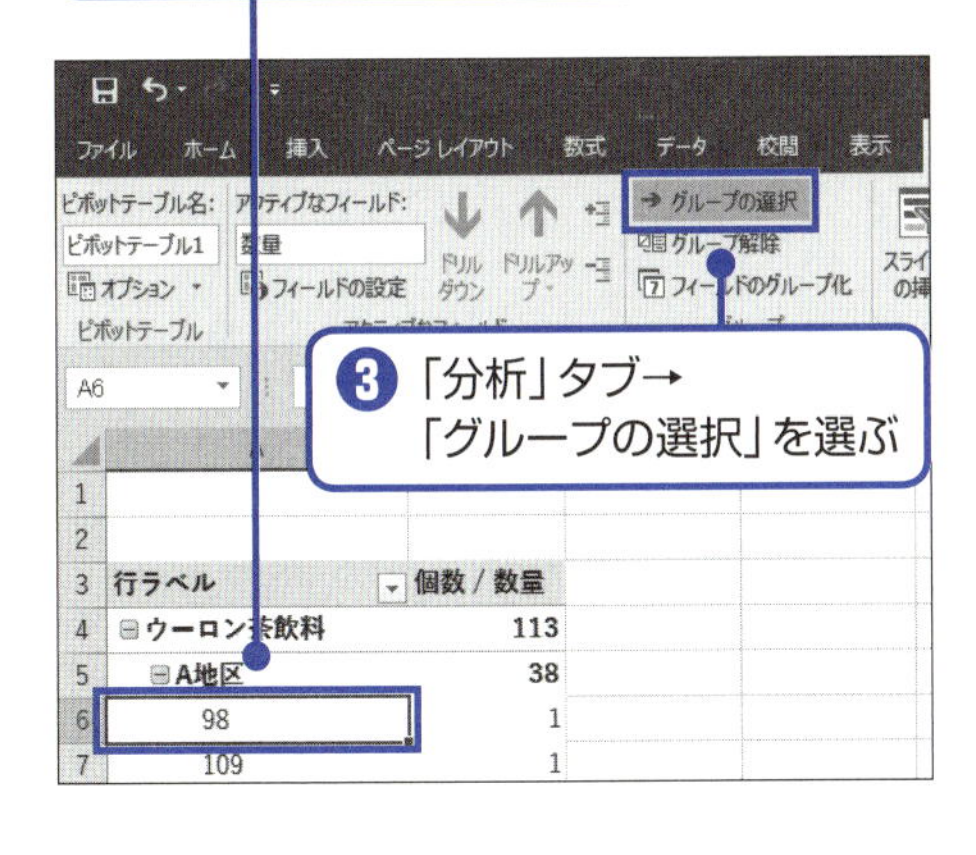

グループ化の範囲を指定する

「グループ化」ダイアログボックスには、設定欄が3つある。「先頭の値」と「末尾の値」に表示された数字が、それぞれ元の表の「数量」フィールドに入力されたデータの最小値と最大値になる。

ここでは、「1～200」、「201～400」…と、数量を200刻みでグループに分けるとしよう。「先頭の値」とは、グループ化の開始値だ。この数字からグループ化の組分けがスタートする。一般的には1から始めるので「1」と入力しよう。「末尾の値」には、フィールド内の最大値が表示されている。最大値は自動的に最後のグループに収まるため、変更の必要はない。最後に「単位」だが、ここには、グルーピングに使う数字の単位を「200」と指定する。

「OK」ボタンをクリックしてダイアログボックスを閉じると、「行」のエリアの「数量」が200単位でグルーピングされた見出しに変わる。B列の「個数／数量」に表示された売上の報告件数は、数量に応じたグループにそれぞれ振り分けられた内訳が表示される。これを見れば、地区によって同じ分類の商品がどの程度売れるかのランクに差があることがわかる。

「200本」ずつ「1～200」「201～400」…とグループにする

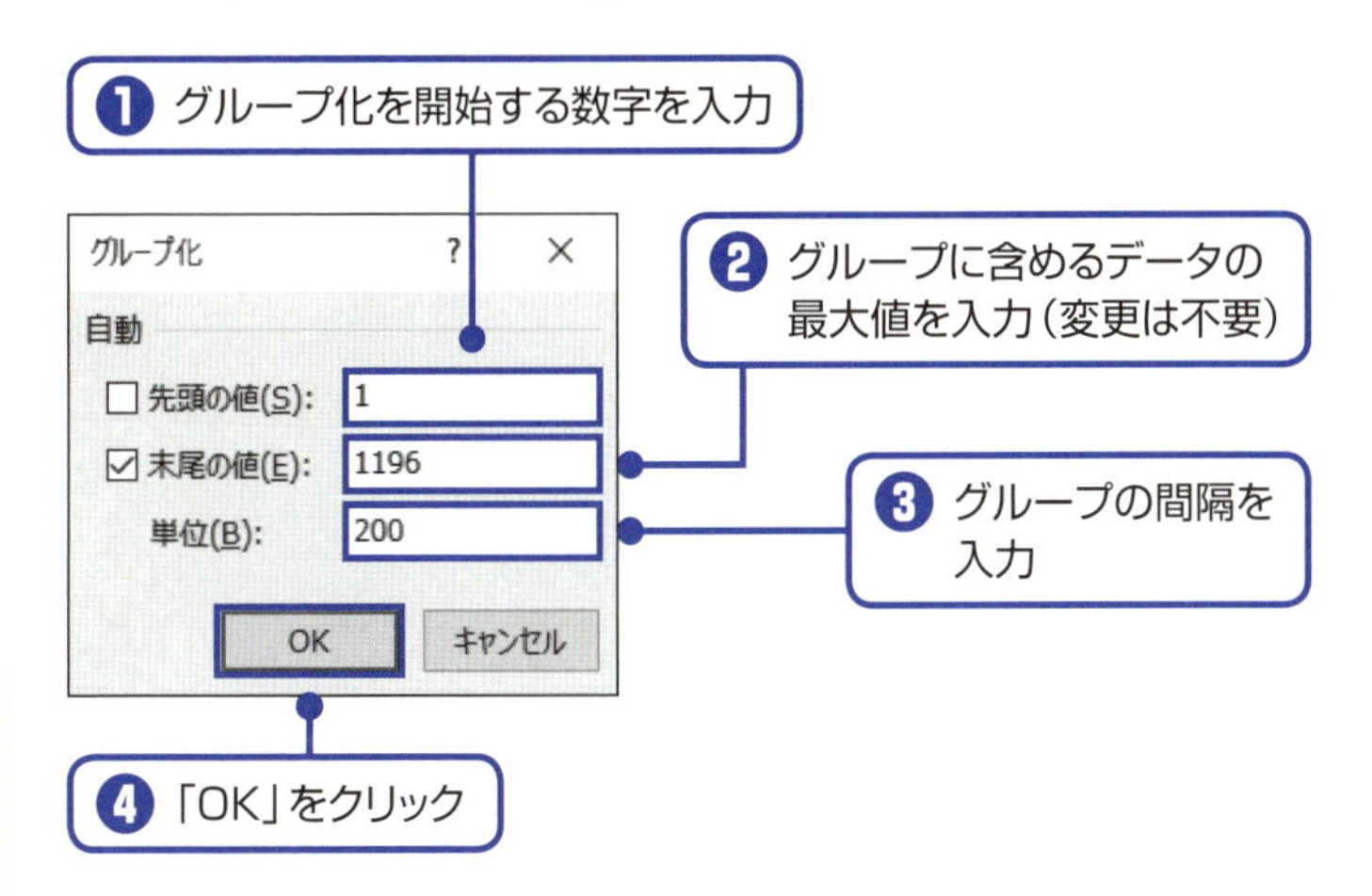

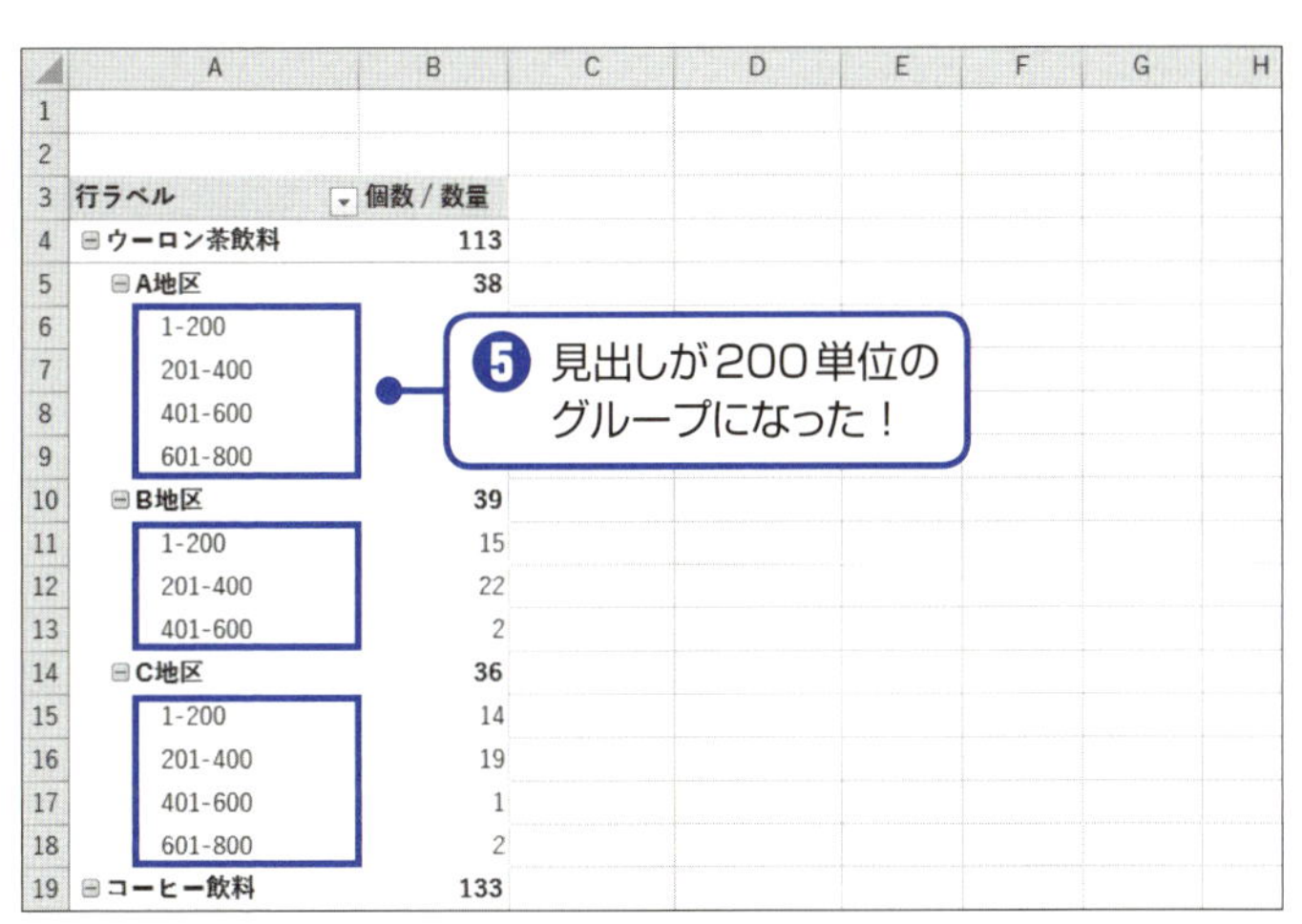

	A	B	C	D	E	F	G	H
1								
2								
3	行ラベル	個数 / 数量						
4	⊟ウーロン茶飲料	113						
5	⊟A地区	38						
6	1-200							
7	201-400							
8	401-600							
9	601-800							
10	⊟B地区	39						
11	1-200	15						
12	201-400	22						
13	401-600	2						
14	⊟C地区	36						
15	1-200	14						
16	201-400	19						
17	401-600	1						
18	601-800	2						
19	⊟コーヒー飲料	133						

SECTION 24

日付で区切る「グループ化」

日付は階層でグループ化する

「売上日」、「注文日」といった日付フィールドは、時間の経過における売上状況を把握する際に欠かすことのできない重要な属性だ。一般に、年単位や四半期単位、月単位など、ある程度の期間ごとに集計することが多い。したがって、**日付データは、「年」、「四半期」、「月」の3階層でグループ化するのが基本**だ。

便利なことに、ピボットテーブルでは、日付データのグループ化は、ほぼ自動で設定される。元の表に複数年分の日付データが蓄積されている場合は、ピボットテーブルを作り、日付のフィールドを「行」ボックスに追加するだけで、自動で3階層に分かれた形で追加されるからだ。ただし、最初の状態では、ピボットテーブルに表示されるのは「年」のみだ。「四半期」や「月」といった下位のフィールドを表示するには、「年」の項目の左に表示された「＋」ボタンをクリックして、手動で開く必要がある。日付のグループ化が自動で設定されるのはエクセル２０１６からだ。

日付は「年」「四半期」「月」の3階層でグループ化

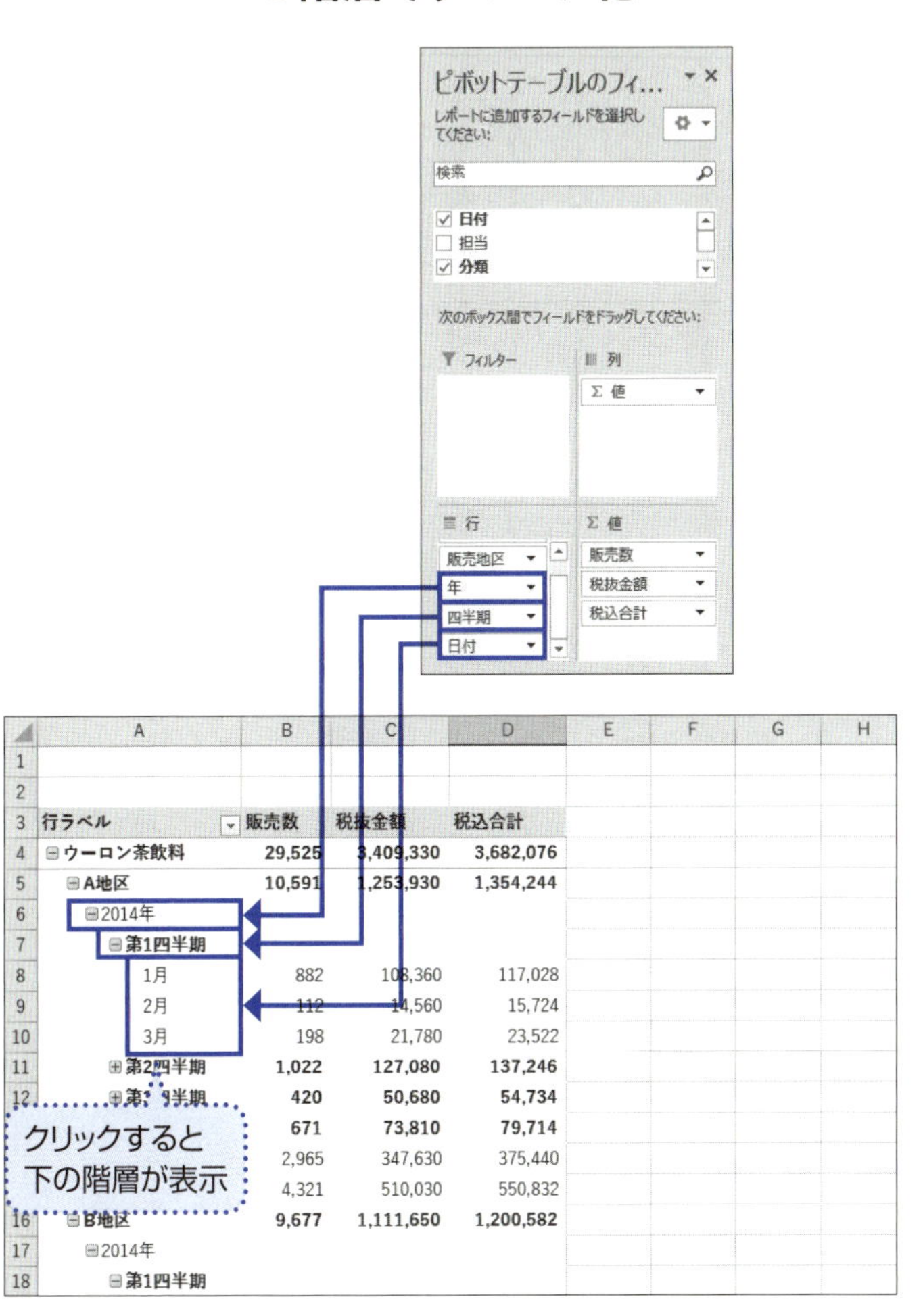

グループ化の「期間」を変更する

日付データのグループ化はほぼ自動で行われるわけだが、元の表の日付の範囲が1年に満たない場合は、「月」単位だけでグループ化される。この場合、左ページの上の例のように、「行」のエリアには「1月」「2月」のような月項目が表示される。これはこれで便利だが、自分でグループ化の単位を変更したい場合もあるだろう。たとえば、「月」だけでなく「四半期」での集計も同時に見たい場合がそうだ。そこで、日付のグループ化の単位をカスタマイズする方法を知っておこう。

ピボットテーブル内で日付のセルをクリックし、「分析」タブの「グループの選択」を選び、「グループ化」を設定するダイアログボックスを開く。あらかじめ日付のセルを選んでおくと、エクセルは日付のグループ化に特化したダイアログボックスを表示してくれる。

日付専用の「グループ化」ダイアログボックスでは、使いたいグループ化の単位をクリックして反転、つまり青い背景色が付いた状態にする。初期状態で反転されているものもあるが不要ならクリックしてオフにしよう。反転のオン・オフはクリックで切り替えできる。「月」と「四半期」を反転させれば、「四半期」と「月」の2階層でグループ化することができる。

「四半期」でのグループ化を追加する

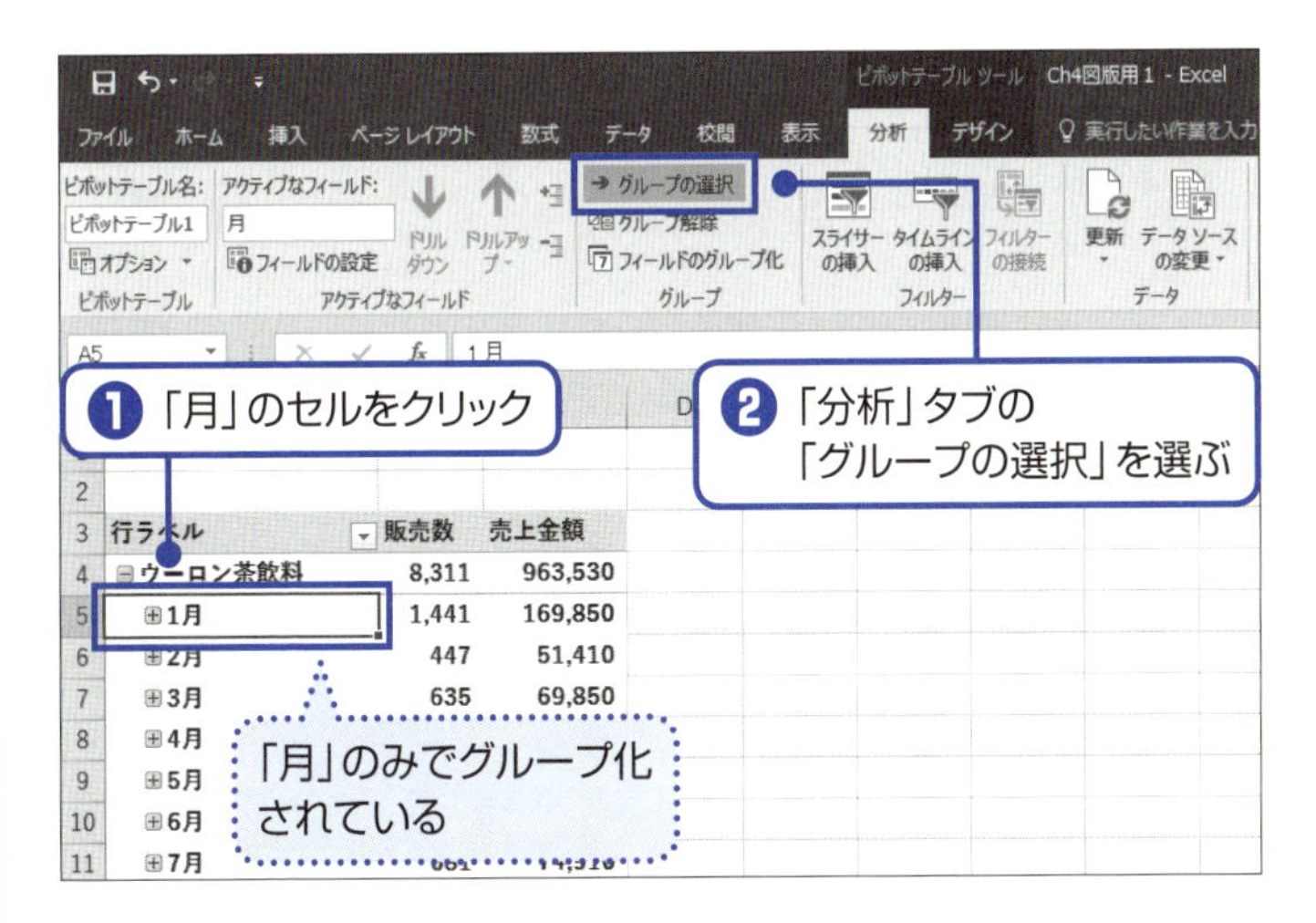

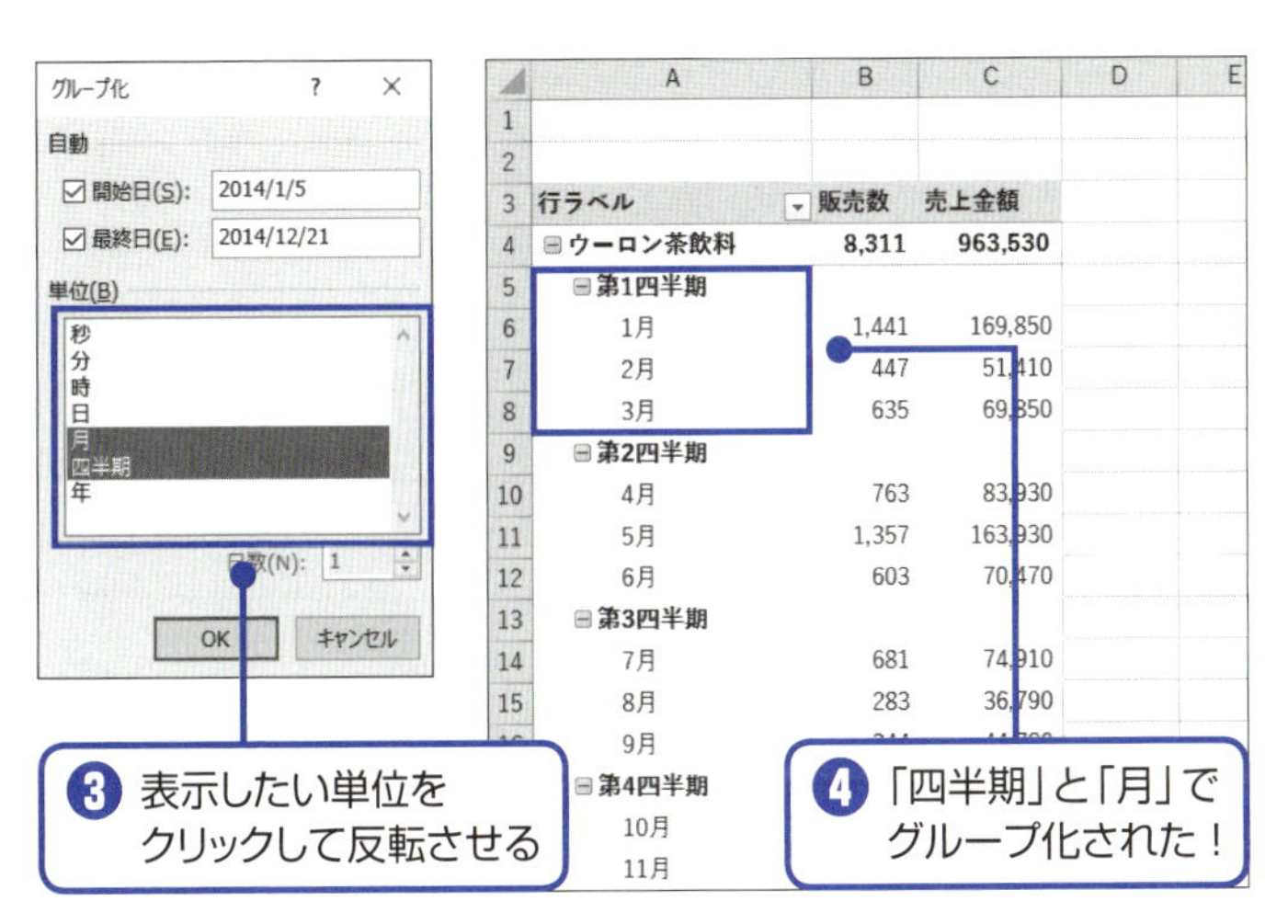

SECTION 25

作成した集計表に組み込んでいない属性を利用する

「スライサー」とは

ピボットテーブルの集計結果を、特定の担当者の売上だけを対象にした数字に変更したい場合はどうすればよいだろうか。「担当」フィールドはピボットテーブルの属性には含まれていないので、「行」ラベルのフィルター機能は使えない。しかし、こんなときのために、ピボットテーブルには「スライサー」というもう1つのフィルター機能が用意されているのだ。

「スライサー」とは、**ピボットテーブルで使える独立したフィルターツール**だ。「担当」、「商品名」といった属性ごとにシート上にカード形式で表示される。これまでのフィルター機能と違って、ピボットテーブルに盛り込まれていないフィールドを抽出の条件にできる特徴がある。左ページの下の例の集計内容は、特定の担当者の案件だけを対象にしたものだ。「担当」フィールドは、ピボットテーブルの属性には含まれていないが、スライサーを使えばこのように問題なく抽出ができる。

ピボットテーブルに含まれない「担当」フィールドで抽出

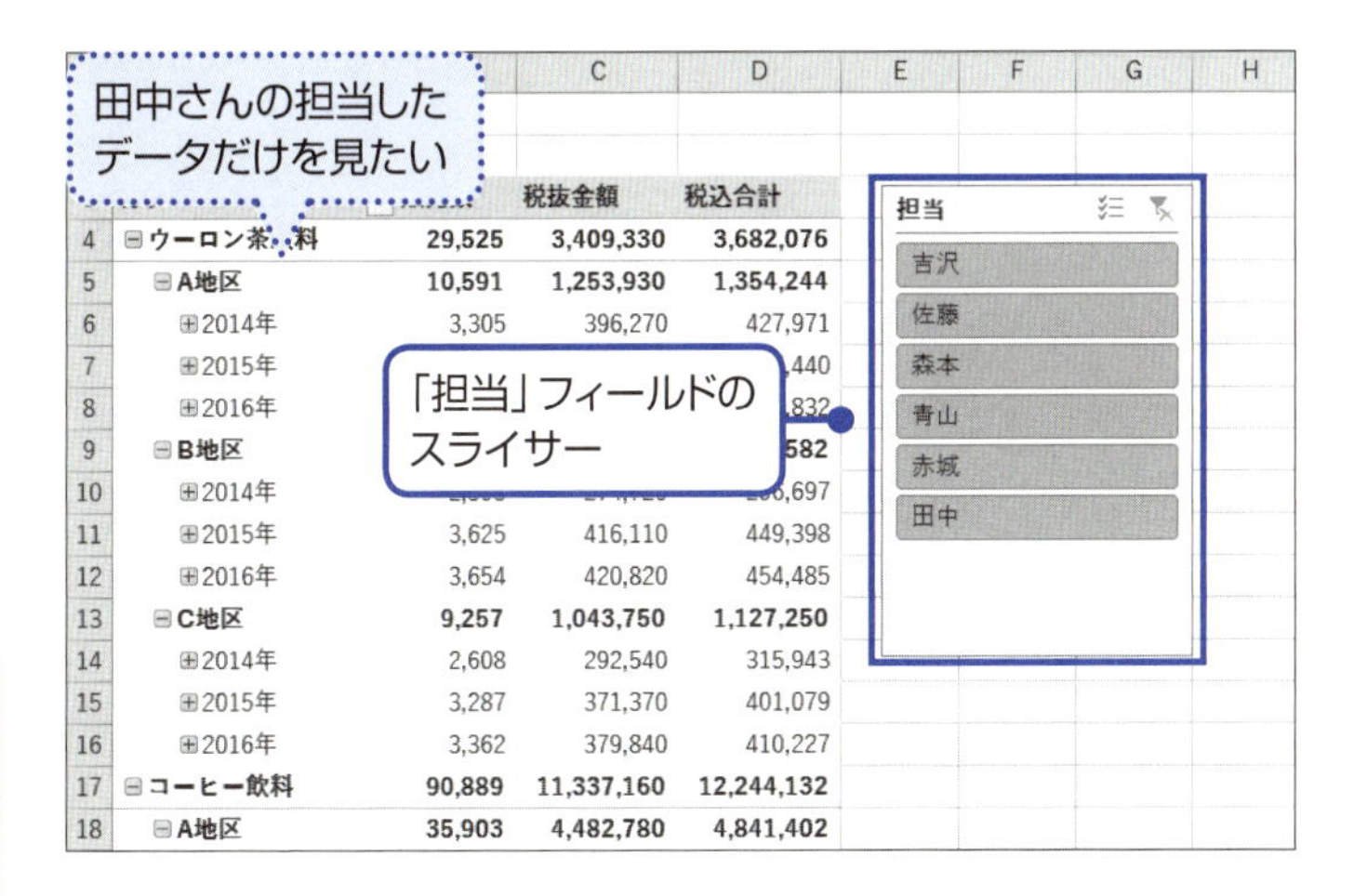

	A	B	C	D
3			税抜金額	税込合計
4	⊟ウーロン茶飲料	29,525	3,409,330	3,682,076
5	⊟A地区	10,591	1,253,930	1,354,244
6	⊞2014年	3,305	396,270	427,971
7	⊞2015年			,440
8	⊞2016年			,832
9	⊟B地区			582
10	⊞2014年			,697
11	⊞2015年	3,625	416,110	449,398
12	⊞2016年	3,654	420,820	454,485
13	⊟C地区	9,257	1,043,750	1,127,250
14	⊞2014年	2,608	292,540	315,943
15	⊞2015年	3,287	371,370	401,079
16	⊞2016年	3,362	379,840	410,227
17	⊟コーヒー飲料	90,889	11,337,160	12,244,132
18	⊟A地区	35,903	4,482,780	4,841,402

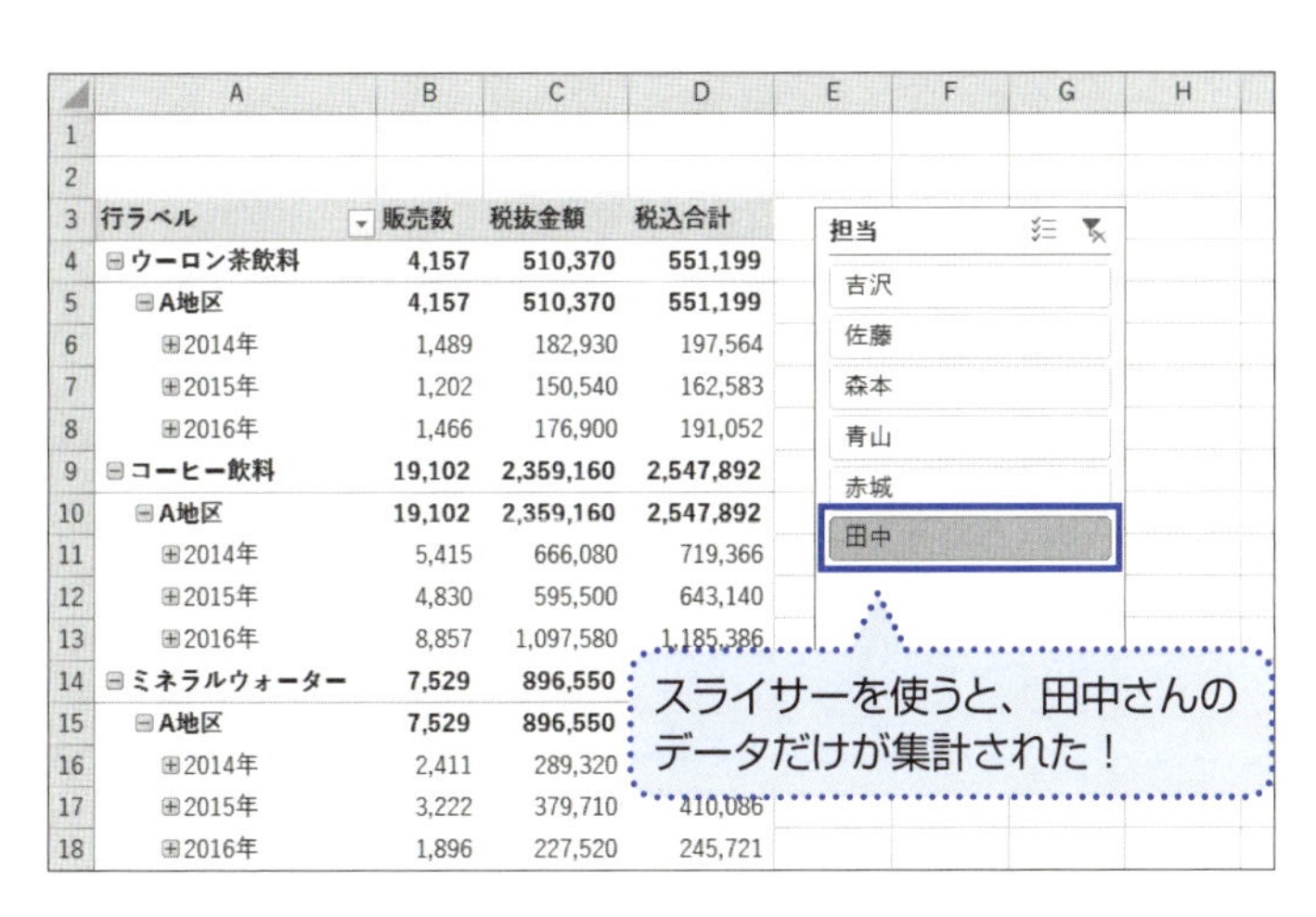

	A	B	C	D
1				
2				
3	行ラベル	販売数	税抜金額	税込合計
4	⊟ウーロン茶飲料	4,157	510,370	551,199
5	⊟A地区	4,157	510,370	551,199
6	⊞2014年	1,489	182,930	197,564
7	⊞2015年	1,202	150,540	162,583
8	⊞2016年	1,466	176,900	191,052
9	⊟コーヒー飲料	19,102	2,359,160	2,547,892
10	⊟A地区	19,102	2,359,160	2,547,892
11	⊞2014年	5,415	666,080	719,366
12	⊞2015年	4,830	595,500	643,140
13	⊞2016年	8,857	1,097,580	1,185,386
14	⊟ミネラルウォーター	7,529	896,550	
15	⊟A地区	7,529	896,550	
16	⊞2014年	2,411	289,320	
17	⊞2015年	3,222	379,710	410,086
18	⊞2016年	1,896	227,520	245,721

複数の属性でのフィルターも可能

スライサーは属性ごとにカード状のボタン画面が個別に表示される。フィルターをかけたいフィールドが複数ある場合は、**2枚以上のスライサーを表示すれば、複数の条件でピボットテーブルの結果を絞り込むことも可能**だ。

たとえば、田中さんが担当した案件のうち、特定の商品に関するものだけをさらに集計したいような場合だ。このようなときは、「担当」フィールドのスライサーと「商品名」フィールドのスライサーを2つ並べて表示する。そして、それぞれのスライサーで、抽出したい担当者や商品名のボタンを選択すると、ピボットテーブルの内容は、両方のスライサーの条件をともに満たす結果に変わる。

左ページの例では、「担当」フィールドが「田中」であり、なおかつ「商品名」フィールドが「無糖ブレンド」であるデータを抽出している。「担当」フィールドのスライサーでは「田中」のボタンに、「商品名」フィールドのスライサーでは「無糖ブレンド」のボタンに、それぞれ色が付いている。このように、濃い色で表示されたボタンが、現在フィルターの条件になっていることを示す。

「担当」と「商品名」の２つのスライサーで抽出

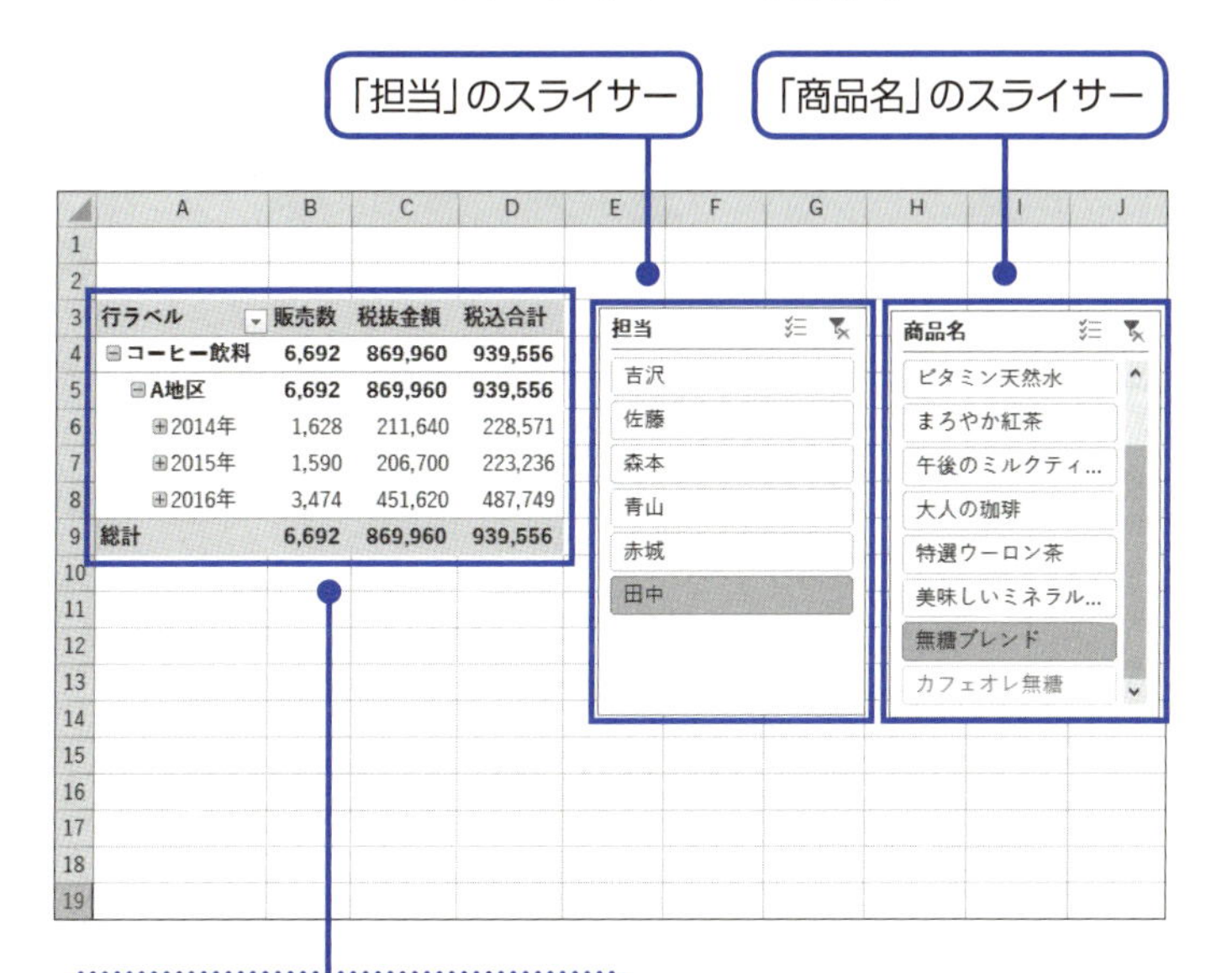

SUMMARY

- スライサーは「行」に設定しないフィールドでもフィルターに使える ！
- 複数のスライサーを使って細かなフィルタリングも可能

SECTION 26

「スライサー」を使ってみると

スライサーの起動

スライサーはフィールドごとに用意する。担当者でフィルターをかけるなら「担当」フィールド用のスライサーが、商品名で抽出したいなら「商品名」フィールド専用のスライサーがそれぞれ必要になる。最初に必要なスライサーを用意しよう。

「分析」タブで「スライサーの挿入」ボタンをクリックすると、「スライサーの挿入」ダイアログボックスが表示される。ここで抽出に使いたいフィールドを選び、クリックしてチェックボックスにチェックを入れればよい。ここでは、担当者が「田中」である販売データを抽出したいので、「担当」フィールドにチェックを入れている。144ページで紹介したように、複数のフィールドで同時にフィルターをかけたい場合は、「担当」フィールドと「商品名」フィールドのように必要なすべてのフィールドにチェックを入れておこう。「ＯＫ」を押してダイアログボックスを閉じると、選択したフィールドのスライサーが表示される。

「担当」のスライサーを追加

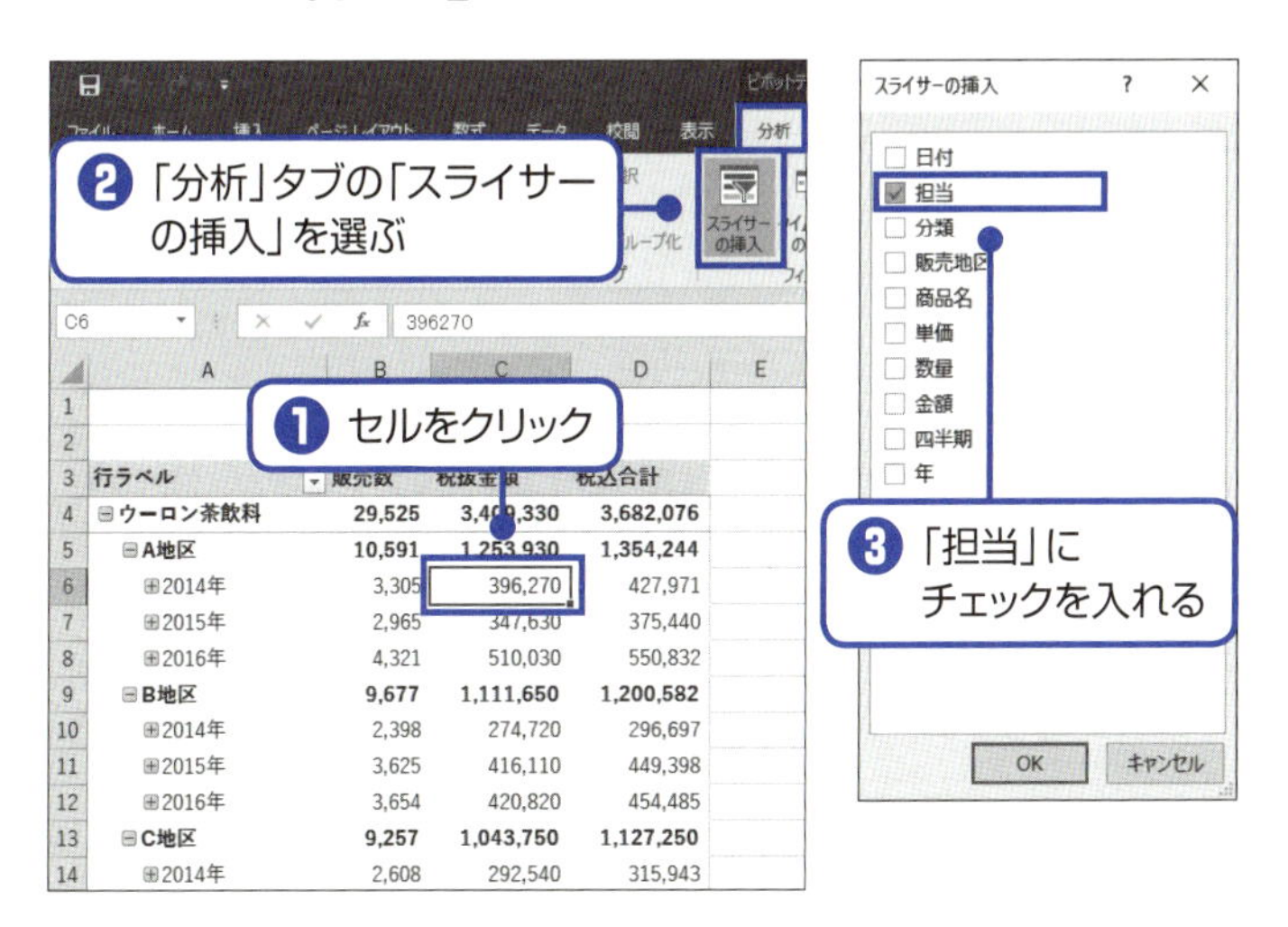

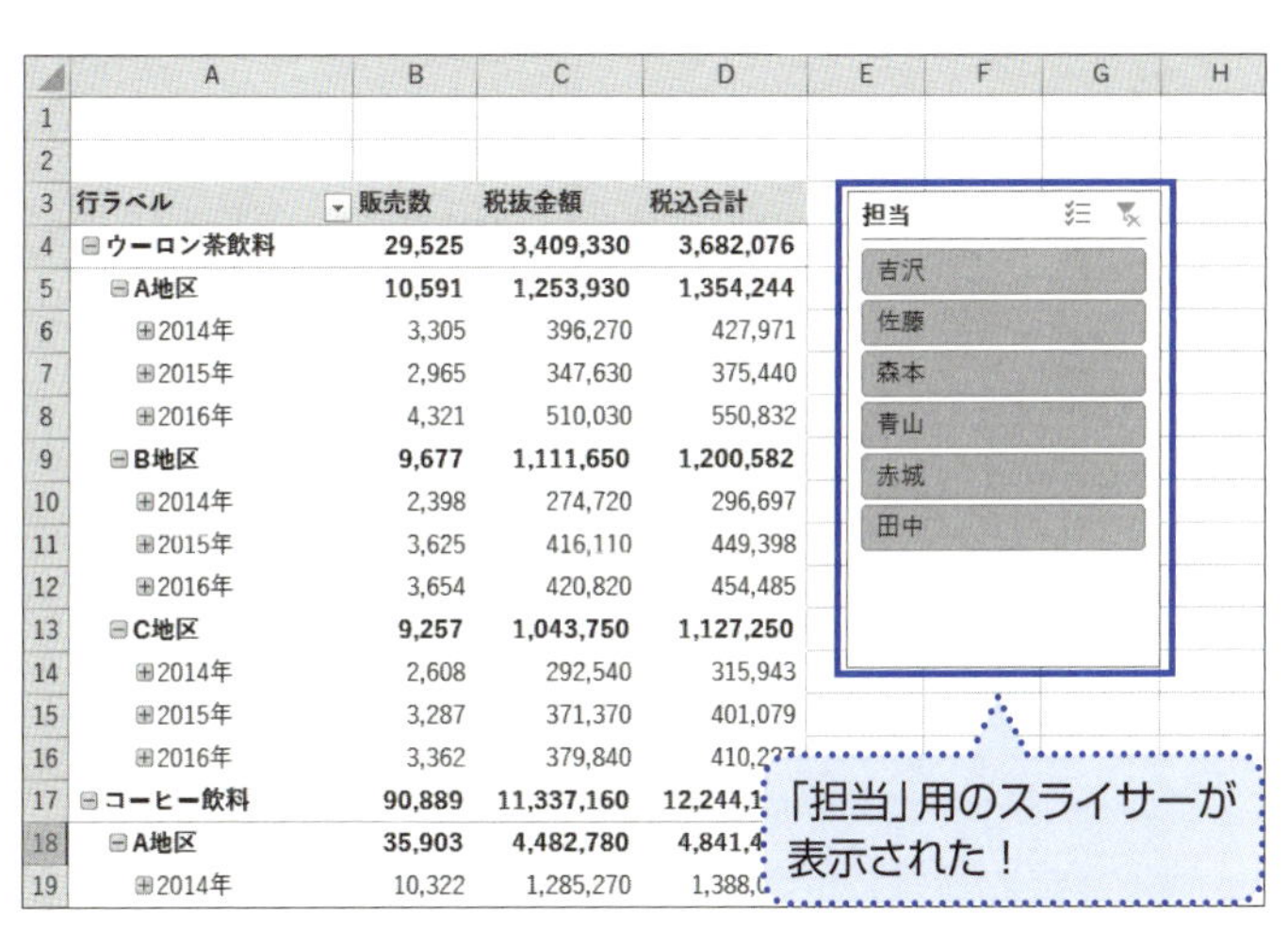

スライサーで抽出を実行する

準備ができたら、スライサーを使って抽出してみよう。「担当」フィールドのスライサーには、担当者の名前が並んでいる。スライサーを表示した直後は、まだフィルターの実行前なので、すべての担当者に青く色が付いている。

抽出したい担当者の名前をクリックすると、その担当者のボタンだけ色が付いた状態に変わる。ここでは「田中」をクリックしたので、「田中」のボタンだけが青く表示され、ほかの担当者のボタンは白に変わる。なお、間違えて選択してしまった場合は、もう一度クリックすれば選択の解除になり、ボタンの色も青から白になる。

「田中」と「青山」のように、複数の担当者を選びたい際は、複数の名前を Ctrl キーを押しながらクリックして選択すればよい。複数の担当が抽出の対象になり、ピボットテーブルでの集計が行われる。

フィルターを解除するには、スライサー右上のボタンをクリックする。これで、ピボットテーブルは、担当者全員の案件を対象にした最初の状態に戻る。また、スライサー自体を終了するには、スライサーを選択し、キーボードの Delete キーを押すと、スライサーがシートから削除される。

「担当」が田中さんのデータだけを ピボットテーブルで集計

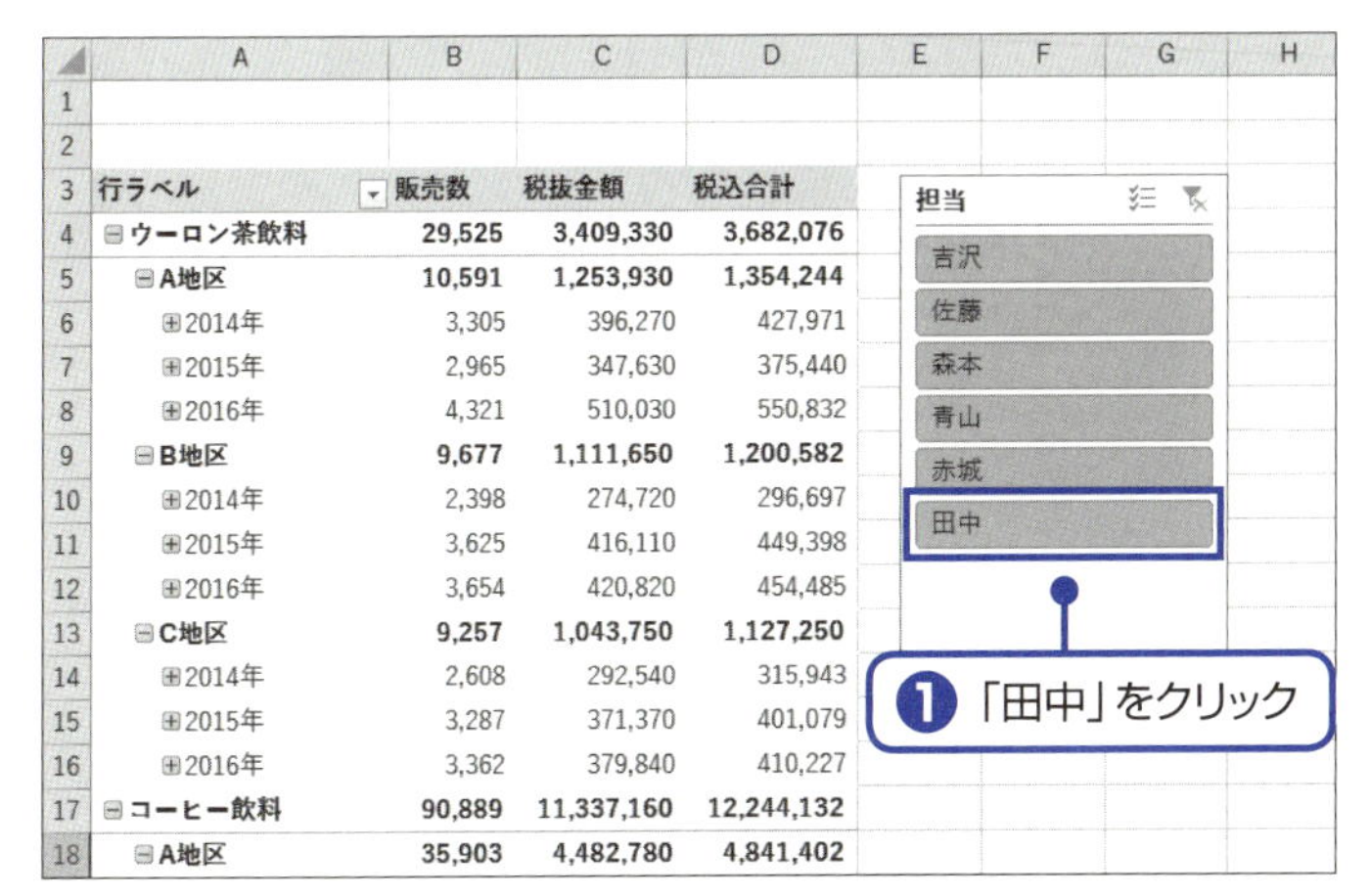

行ラベル	販売数	税抜金額	税込合計
⊟ウーロン茶飲料	29,525	3,409,330	3,682,076
⊟A地区	10,591	1,253,930	1,354,244
⊞2014年	3,305	396,270	427,971
⊞2015年	2,965	347,630	375,440
⊞2016年	4,321	510,030	550,832
⊟B地区	9,677	1,111,650	1,200,582
⊞2014年	2,398	274,720	296,697
⊞2015年	3,625	416,110	449,398
⊞2016年	3,654	420,820	454,485
⊟C地区	9,257	1,043,750	1,127,250
⊞2014年	2,608	292,540	315,943
⊞2015年	3,287	371,370	401,079
⊞2016年	3,362	379,840	410,227
⊟コーヒー飲料	90,889	11,337,160	12,244,132
⊟A地区	35,903	4,482,780	4,841,402

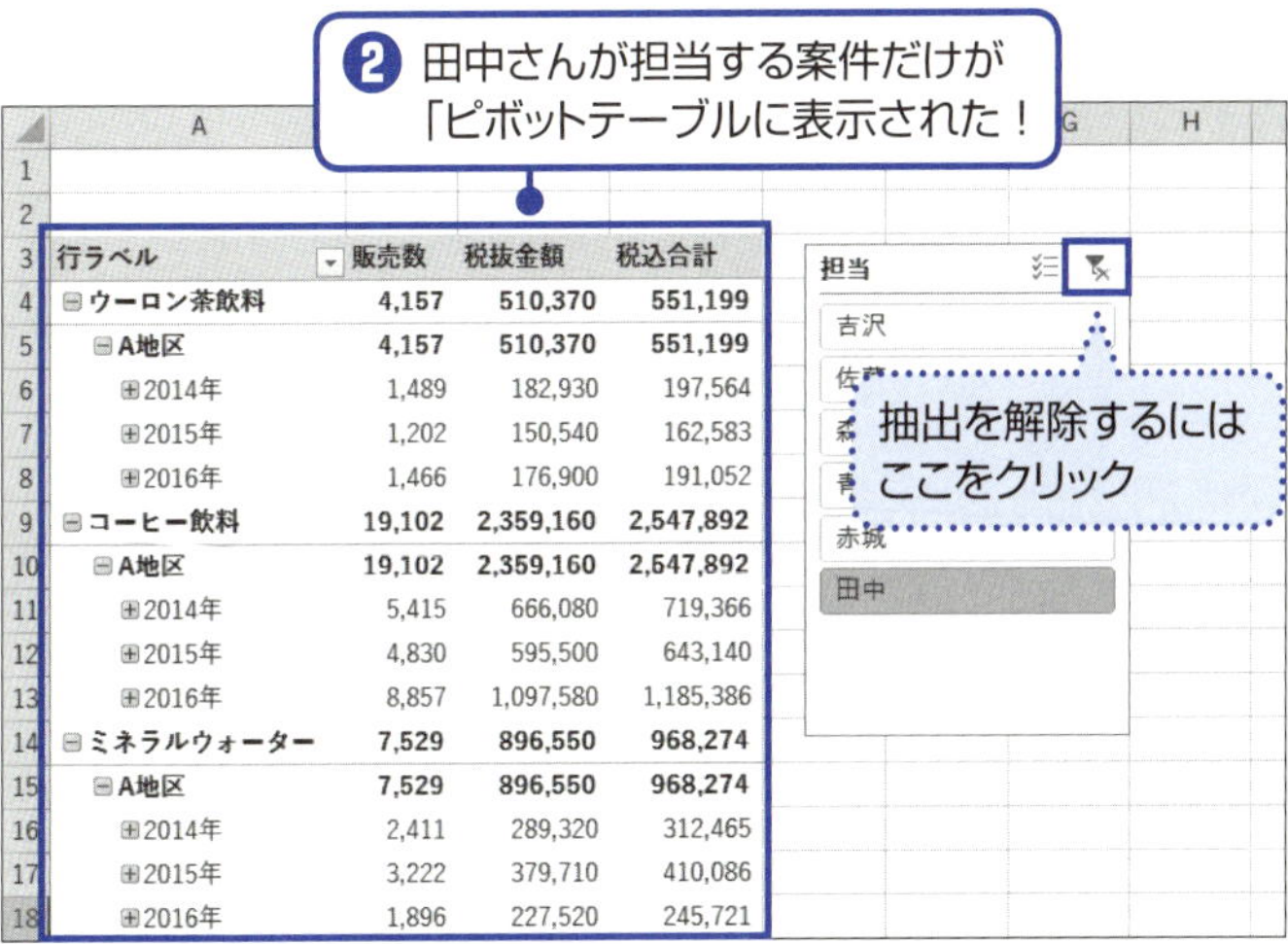

行ラベル	販売数	税抜金額	税込合計
⊟ウーロン茶飲料	4,157	510,370	551,199
⊟A地区	4,157	510,370	551,199
⊞2014年	1,489	182,930	197,564
⊞2015年	1,202	150,540	162,583
⊞2016年	1,466	176,900	191,052
⊟コーヒー飲料	19,102	2,359,160	2,547,892
⊟A地区	19,102	2,359,160	2,547,892
⊞2014年	5,415	666,080	719,366
⊞2015年	4,830	595,500	643,140
⊞2016年	8,857	1,097,580	1,185,386
⊟ミネラルウォーター	7,529	896,550	968,274
⊟A地区	7,529	896,550	968,274
⊞2014年	2,411	289,320	312,465
⊞2015年	3,222	379,710	410,086
⊞2016年	1,896	227,520	245,721

SECTION 27

直感的に一定期間の集計を把握できる「タイムライン」

「タイムライン」とは

日々蓄積された売上データのうち、2014年4月から2015年5月までのデータだけをピボットテーブルで集計したいなど、手持ちのデータから一定の期間だけを対象に集計結果を求めたい場合は少なくない。そこでピボットテーブルには、時間軸専用のフィルターツール「タイムライン」が別途用意されている。

「タイムライン」は、スライサーと同じで、ピボットテーブルとは離れた位置に表示される独立したツールだ。年、四半期、月な

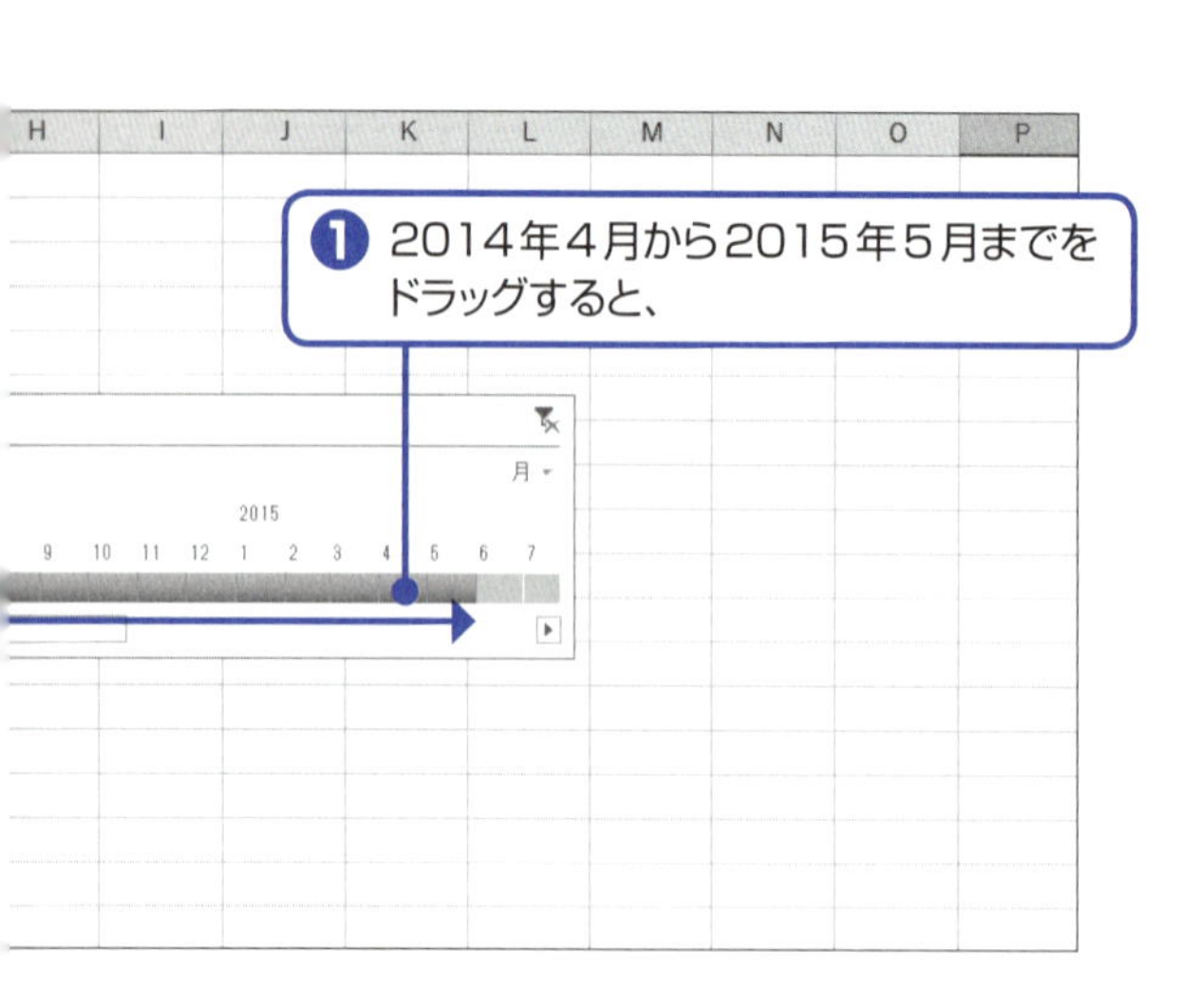

どの期間で元データの一部を抽出したいときに使う。したがって、使えるフィールドはおのずと日付を扱うフィールドに限られる。このタイムラインを利用すれば、特定の期間のデータだけを対象に、ピボットテーブルの集計値を変更することができる。

タイムラインを起動すれば、下の例のようなバーが表示される。このバーをドラッグするだけで、ピボットテーブルに集計させたい日付の範囲を指定できる。失敗したらドラッグ操作をやり直せばよい。

なお、タイムラインはエクセル2010では使用できない。

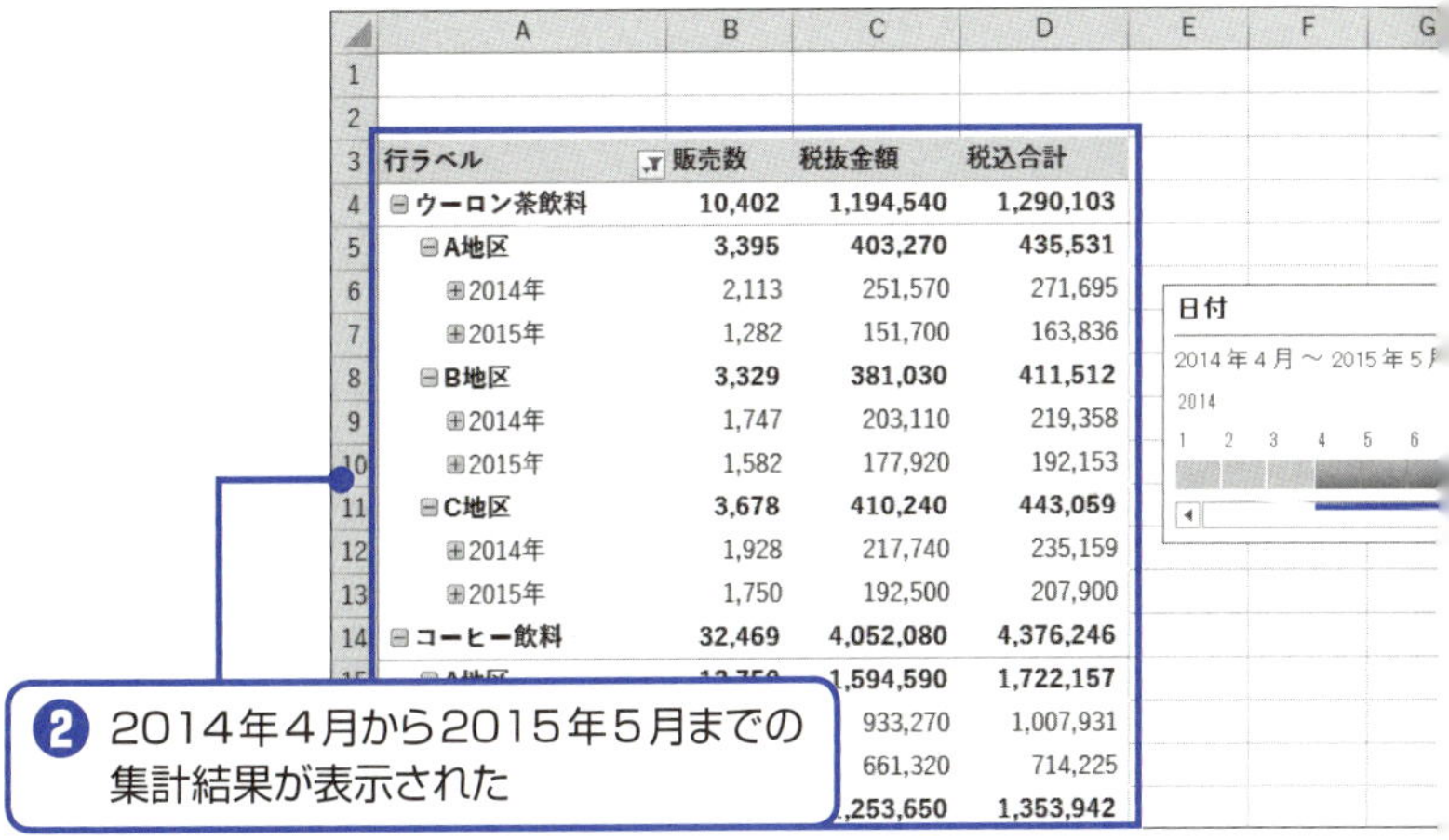

	A	B	C	D
1				
2				
3	行ラベル	販売数	税抜金額	税込合計
4	⊟ウーロン茶飲料	10,402	1,194,540	1,290,103
5	⊟A地区	3,395	403,270	435,531
6	⊞2014年	2,113	251,570	271,695
7	⊞2015年	1,282	151,700	163,836
8	⊟B地区	3,329	381,030	411,512
9	⊞2014年	1,747	203,110	219,358
10	⊞2015年	1,582	177,920	192,153
11	⊟C地区	3,678	410,240	443,059
12	⊞2014年	1,928	217,740	235,159
13	⊞2015年	1,750	192,500	207,900
14	⊟コーヒー飲料	32,469	4,052,080	4,376,246
			1,594,590	1,722,157
			933,270	1,007,931
			661,320	714,225
			,253,650	1,353,942

日付

2014年4月 ～ 2015年5月

2014

1 2 3 4 5 6

❷ 2014年4月から2015年5月までの集計結果が表示された

第4章

ピボットテーブルからさらに情報を引き出す5つのツール

年、四半期…時間単位は変更できる

タイムラインの抽出の単位は、初期設定では「月」であるが、「年」や「四半期」にも変更できる。

タイムライン右上に「月」と表示された部分がある。ここをクリックすれば、時間単位を選べるリストが現れるので、そこから使いたい単位を選び直せばよい。すぐにタイムラインのバーが、指定した期間の単位に変更される。

左ページの上下のタイムラインを比べてみよう。上のタイムラインは「月」単位、下のタイムラインは「四半期」単位にそれぞれ設定されている。紙面スペースの関係でここには抽出結果を表すピボットテーブルはないが、下のタイムラインの場合には、ピボットテーブルに表示される集計値も、2014年第3四半期から2015年第1四半期までを元にしたものに変わっているはずだ。

フィルターを解除して元データ全体を集計対象に戻すには、右上端のボタンをクリックすればよい。さらに、タイムラインが不要になったら、タイムライン自体を選択してから Delete キーを押せばシート上から削除できる。

時間単位の変更や フィルターの解除もかんたん

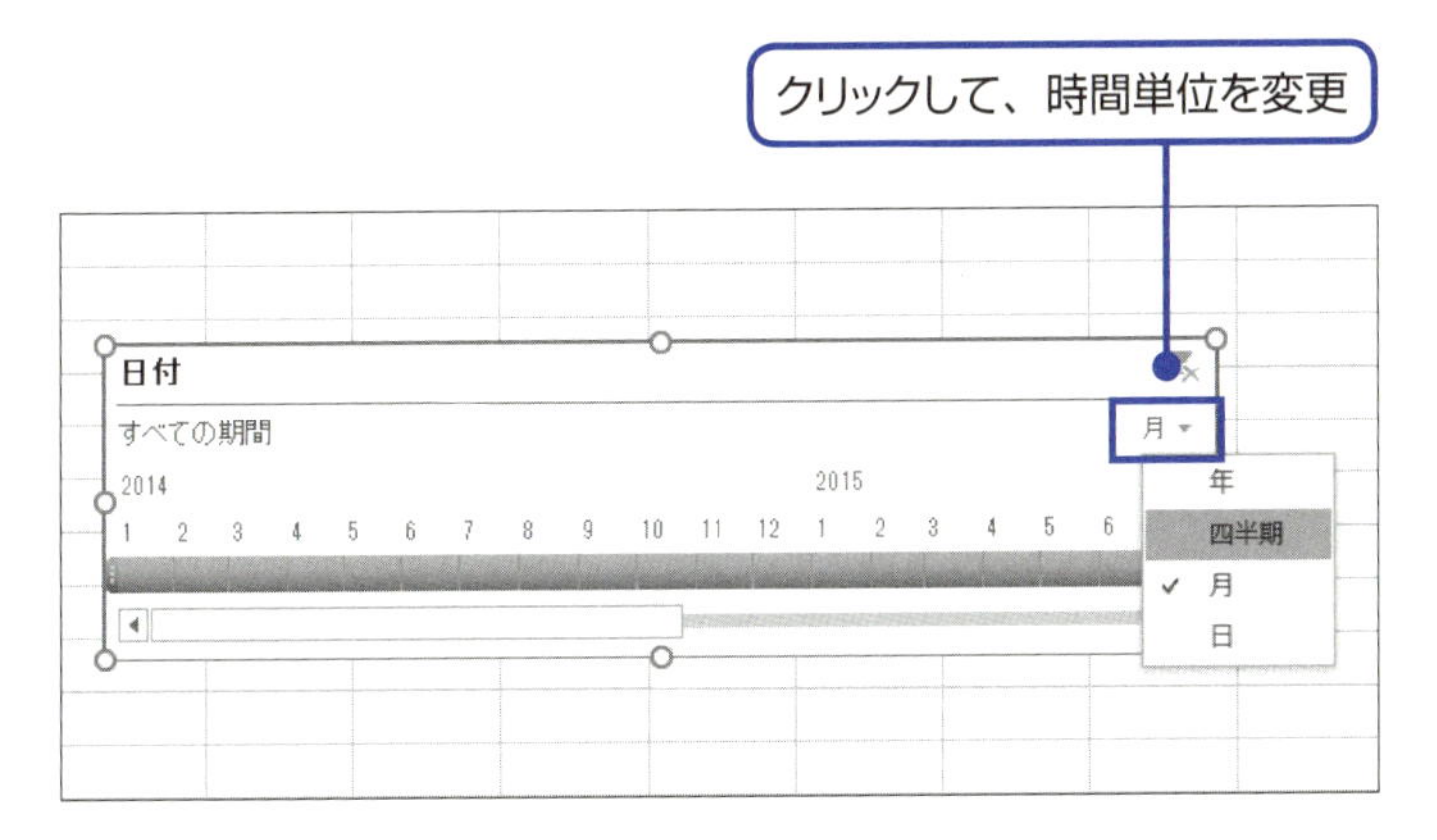

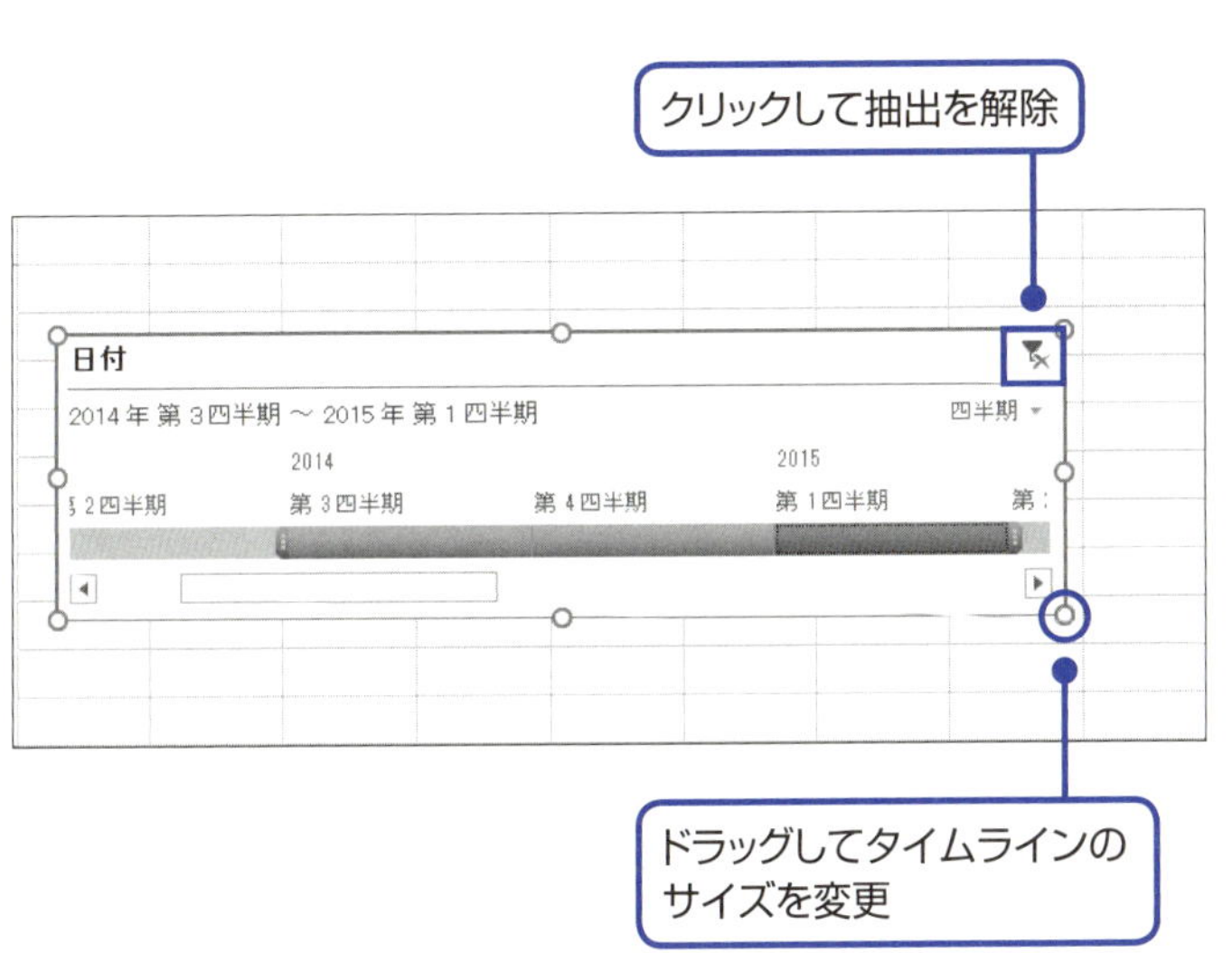

SECTION 28

「タイムライン」を使ってみると

タイムラインの起動

タイムラインの利用にも準備が必要だ。ピボットテーブル内のシート上にタイムラインを表示しよう。「分析」タブの「タイムラインの挿入」ボタンをクリックすると、「タイムラインの挿入」ダイアログボックスが開く。ここには、元の表に含まれる日付データのフィールド名がリストアップされる。元々タイムラインに使えるのは日付フィールドのみなので、文字や数字などほかの形式のデータのフィールドは最初から表示されていない。タイムラインに使いたいフィールドにチェックを入れてダイアログボックスを閉じると、タイムラインが表示される。

なお、「販売日」と「納品日」のようにピボットテーブルの元の表に、日付フィールドが複数ある場合は、複数の日付フィールドにチェックを入れれば、タイムラインも複数表示される。この場合は、「販売日」と「納品日」それぞれに抽出条件を設定して、両者の条件を満たす販売データだけを集計の対象にできる。

「担当」のタイムラインを追加

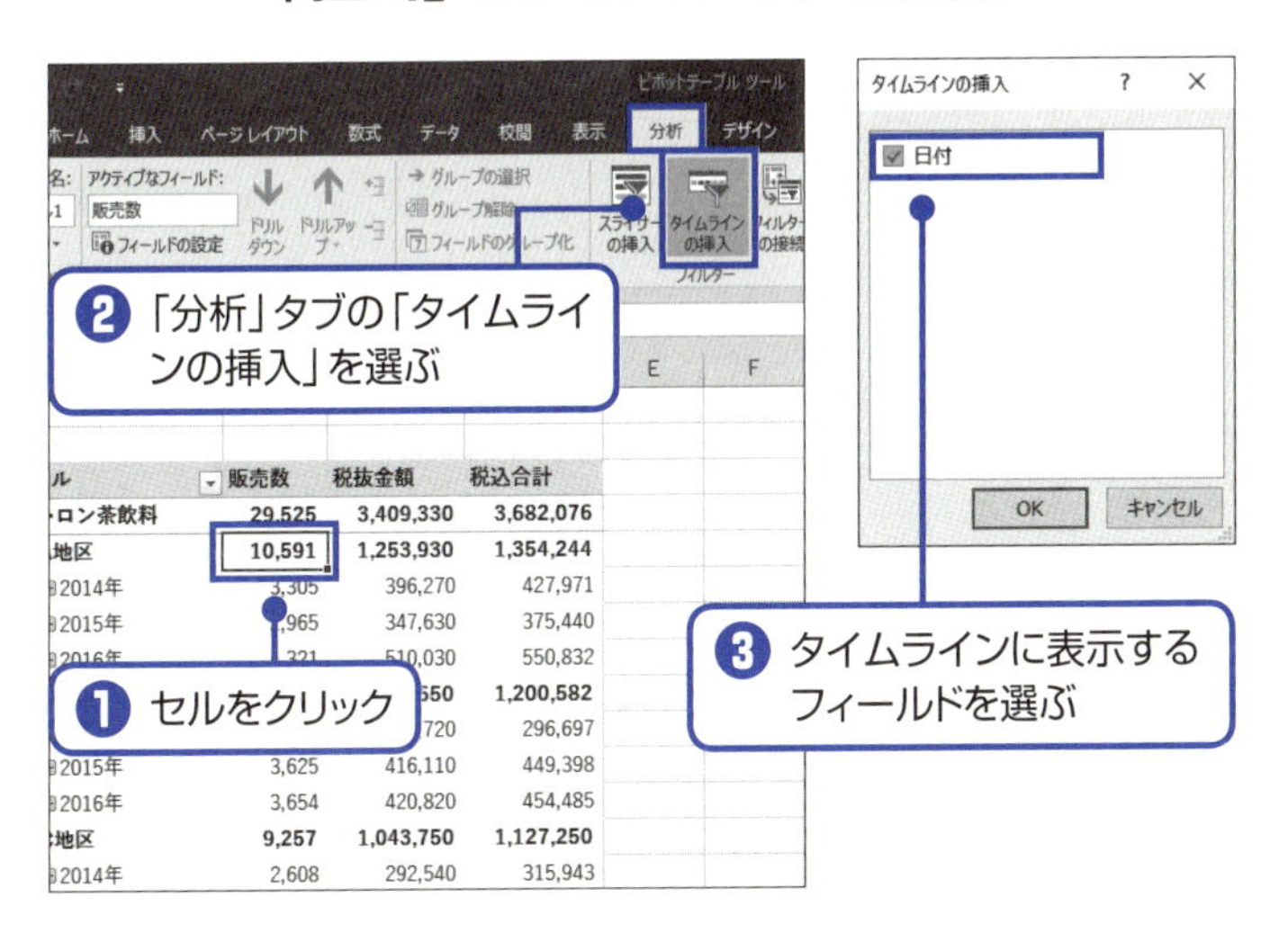

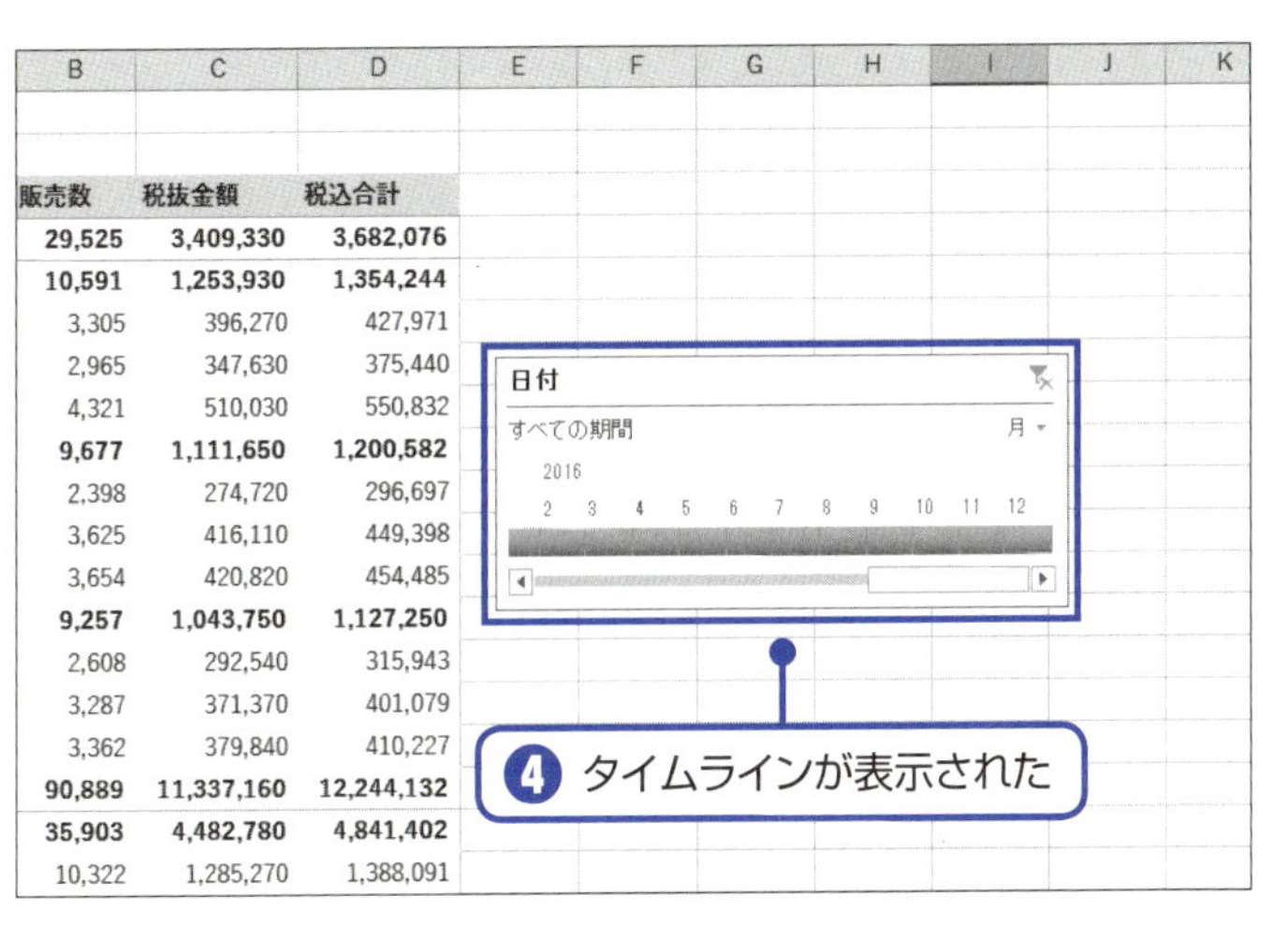

第4章 ピボットテーブルからさらに情報を引き出す5つのツール

タイムラインで抽出を実行

タイムラインがシートに表示されたら、さっそくフィルターを実行しよう。手始めにタイムラインの横幅を広げておこう。タイムライン枠線上にある○の部分にマウスを合わせてドラッグすれば、大きさを自在に変更できる。特に抽出したい期間が長い場合、ドラッグ操作の距離も長くなる。あらかじめタイムラインを十分に広げておくと、ドラッグ操作もスムーズになる。

準備ができたら、ドラッグするだけだ。左ページの例では、2014年4月から2015年5月の販売データを抽出している。まず、タイムラインのバーに始点となる「2014年4月」が表示されるよう、スクロールして表示を調整したら、2014年4月の「4」の下にマウスポインターを合わせてドラッグを開始しよう。終点となるのは「2015年5月」、これは「2015年5月31日まで」と同じ意味だから、バーに表示される2015年6月の「6」の数字の手前ギリギリまでドラッグすることになる。マウスのボタンから指を離すと同時に、ピボットテーブルの数値が抽出の結果を受けて変わる。間違えた場合、あるいは抽出の期間を変更したい場合は、単純にドラッグをし直せばよい。ピボットテーブルの状況は、タイムラインでドラッグ操作をするたびに変わる。

2014年4月から2015年5月までのデータを抽出

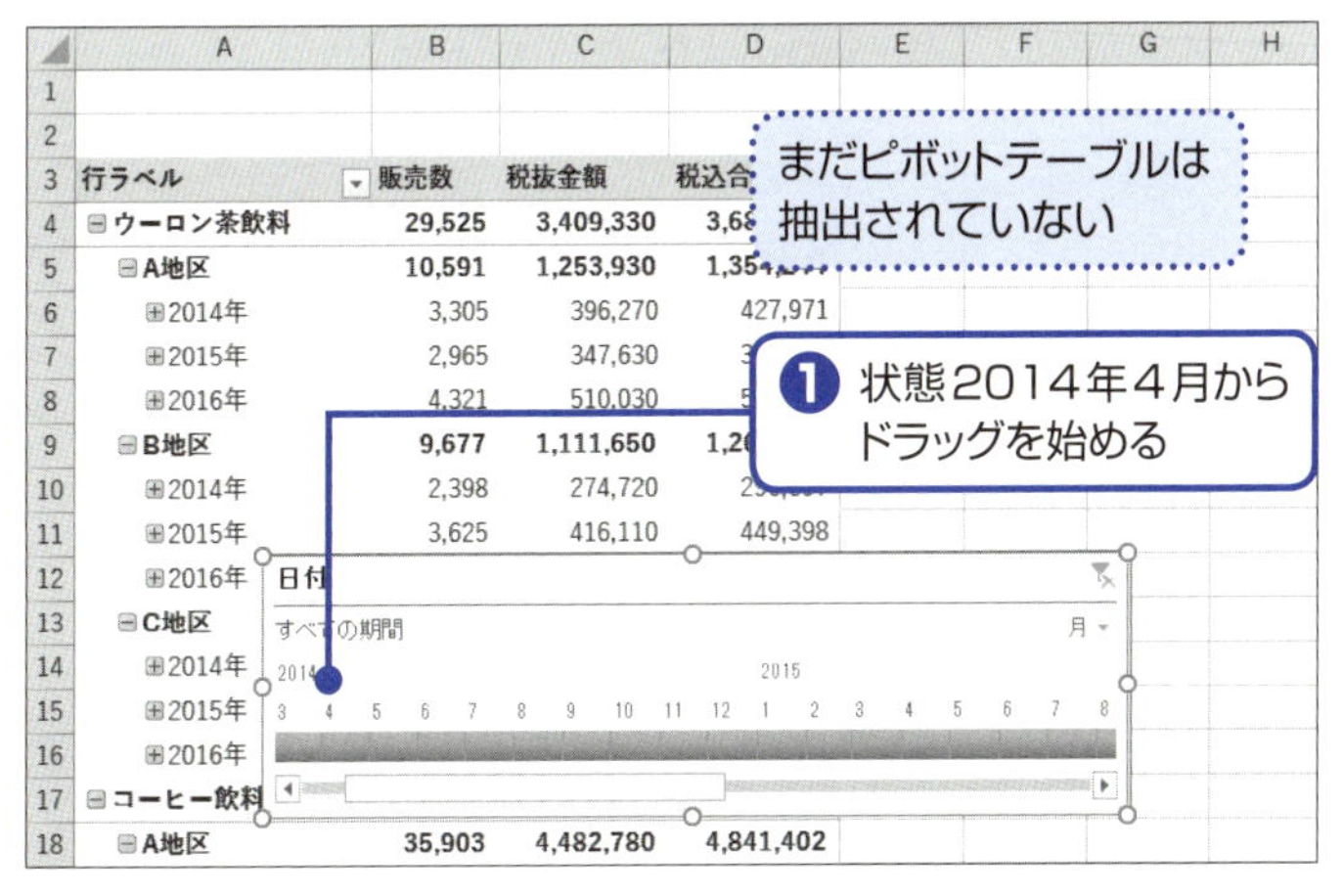

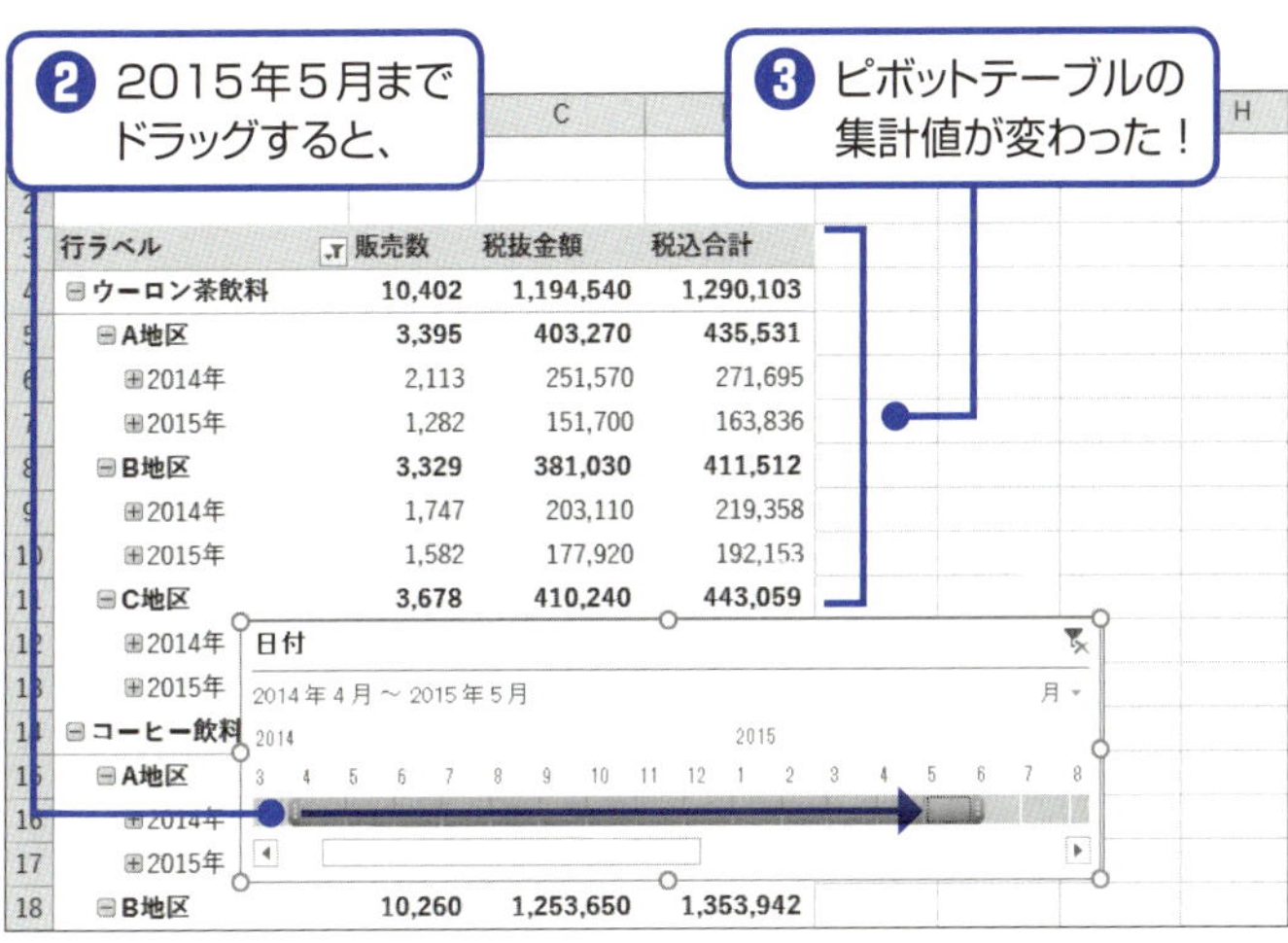

COLUMN

列方向のグループ化

ピボットテーブルの「列」のエリアには、さまざまな集計の種類を示す見出しが並ぶ。集計の種類が増えてきたら、主だったものだけを表示して明細部分を折りたためるボタンを作っておくと使いやすくなる。列単位で表を折りたたんだり展開したりするボタンをかんたんに作れるので紹介しよう。

● 列方向にグループ化を設定

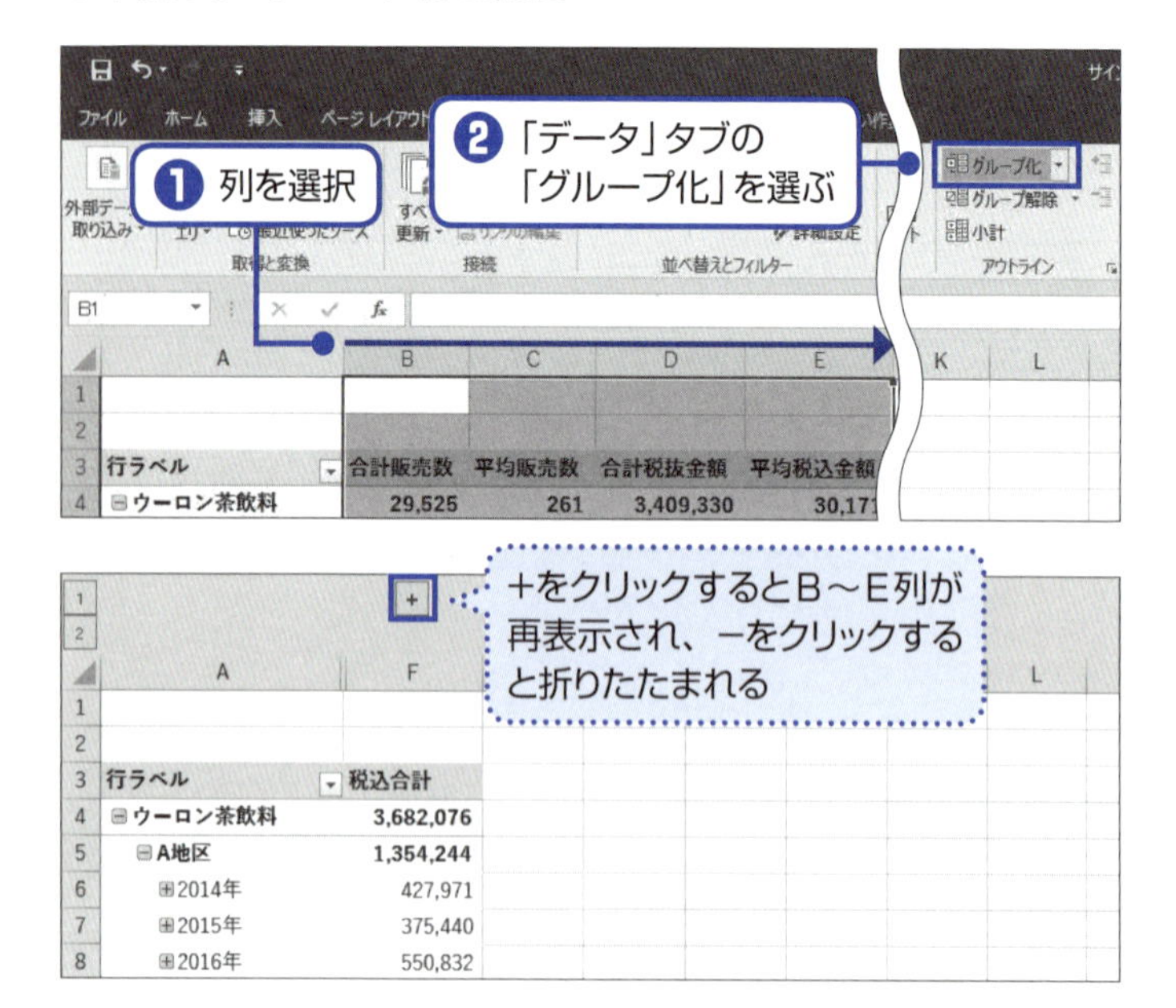

索引

●アルファベット・記号

ASC関数 …… 37
INT関数 …… 76
JIS関数 …… 37
SUBSTITUTE関数 …… 37
TRIM関数 …… 37
Σ値 …… 51, 70, 98

●あ・か行

値 …… 18
値貼り付け …… 82
値フィールドの設定 …… 72, 112
一括削除 …… 37
一括置換 …… 37
エリアセクション …… 48
オリジナルの集計 …… 106
階層レベル …… 88
行 …… 50, 54
行のエリア …… 59
行ラベルのフィルター …… 126
グループ化 …… 13, 130
クロス集計表 …… 10, 14
計算 …… 28
結合 …… 40
合計 …… 71

●さ・た行

最上位フィールド …… 62, 84
作業ウィンドウ …… 46
集計フィールド …… 74, 104
集計方法 …… 72
小計 …… 14
序列 …… 64
スライサー …… 13, 142
全角 …… 37
属性 …… 18, 64
タイムライン …… 13, 150
ドラッグ&ドロップ …… 50

●な・は・ま・ら・わ行

二次利用 …… 82
半角 …… 37
日付 …… 94, 138
ピボットテーブルの作成 …… 44
ピボットテーブルのフィールド …… 46
表示形式 …… 38, 114
フィールド …… 26, 58
フィールドセクション …… 48
フィルター …… 118
元の表 …… 42
列 …… 54
列のエリア …… 59
ワイルドカード …… 124
枠なし …… 39

お問い合わせについて

本書に関するご質問については、本書に記載されている内容に関するもののみとさせていただきます。本書の内容と関係のないご質問につきましては、一切お答えできませんので、あらかじめご了承ください。また、電話でのご質問は受け付けておりませんので、必ずFAXか書面にて下記までお送りください。

なお、ご質問の際には、必ず以下の項目を明記していただきますようお願いいたします。

1 お名前
2 返信先の住所またはFAX番号
3 書名
（スピードマスター　1時間でわかる
エクセル　ピボットテーブル
上級職の必須ツールを最短でマスター）
4 本書の該当ページ
5 ご使用のOSとソフトウェアのバージョン
6 ご質問内容

なお、お送りいただいたご質問には、できる限り迅速にお答えできるよう努力いたしておりますが、場合によってはお答えするまでに時間がかかることがあります。また、回答の期日をご指定なさっても、ご希望にお応えできるとは限りません。あらかじめご了承くださいますよう、お願いいたします。

ご質問の際に記載いただきました個人情報は、回答後速やかに破棄させていただきます。

問い合わせ先

〒162-0846
東京都新宿区市谷左内町21-13
株式会社技術評論社　書籍編集部
「スピードマスター　1時間でわかる
エクセル　ピボットテーブル
上級職の必須ツールを最短でマスター」
質問係
FAX：03-3513-6167
URL：http://book.gihyo.jp

■ お問い合わせの例

FAX

1 お名前
技術　太郎
2 返信先の住所またはFAX番号
03-XXXX-XXXX
3 書名
スピードマスター　1時間でわかる
エクセル　ピボットテーブル
上級職の必須ツールを最短でマスター
4 本書の該当ページ
121ページ
5 ご使用のOSとソフトウェアのバージョン
Windows 10
Excel 2016
6 ご質問内容
フィルターが表示されない

スピードマスター　1時間でわかる
エクセル　ピボットテーブル
上級職の必須ツールを最短でマスター

2016年9月15日　初版　第1刷発行

著　者●木村幸子
発行者●片岡　巌
発行所●株式会社　技術評論社
東京都新宿区市谷左内町21-13
電話　03-3513-6150　販売促進部
03-3513-6160　書籍編集部
編集●土井　清志
装丁／本文デザイン●クオルデザイン　坂本真一郎
DTP●技術評論社　制作業務部
製本／印刷●株式会社　加藤文明社

定価はカバーに表示してあります。

ISBN978-4-7741-8282-7 C3055
Printed in Japan